北大荒农垦集团种植业企业标准

杨宝龙　主编

中国农业出版社

北　京

图书在版编目(CIP)数据

北大荒农垦集团种植业企业标准 / 杨宝龙主编 . —
北京：中国农业出版社，2022.6
　　ISBN 978-7-109-29471-4

　　Ⅰ.①北…　Ⅱ.①杨…　Ⅲ.①北大荒—农垦企业—企
业集团—企业标准　Ⅳ.①F324.1-65

中国版本图书馆 CIP 数据核字(2022)第 092264 号

中国农业出版社出版
地址：北京市朝阳区麦子店街 18 号楼
邮编：100125
责任编辑：廖　宁　杨桂华
版式设计：杜　然　责任校对：吴丽婷
印刷：中农印务有限公司
版次：2022 年 6 月第 1 版
印次：2022 年 6 月北京第 1 次印刷
发行：新华书店北京发行所
开本：880mm×1230mm　1/16
印张：7.5
字数：280 千字
定价：98.00 元

编辑委员会

前　　言

黑龙江垦区农业标准化工作最早可以追溯到1952年,经过60多年的探索和总结,黑龙江垦区农业标准化在推广应用上取得了骄人的成绩,尤其是2004年国家提出恢复发展粮食生产以来,黑龙江垦区农业标准化建设进入了全面发展阶段,以"工程化设计、工厂化管理、模式化栽培"为原则,逐步实现了全面积、全作物、全过程、全方位的标准化生产,形成了适应黑龙江垦区过去体制机制和当时生产力发展水平的稳产高产模式及组织方式。

种植业标准体系是农业产业全程标准体系的核心构件。随着垦区企业化改革不断深入推进,管理体制和发展战略都发生了深刻变化,种植业供给侧结构性改革应坚定围绕"绿色智慧厨房"建设要求,以提质增效为导向,打造绿色高品质原料供给基地,这对种植标准化工作提出了更高、更具体的要求。同时,近年来农业科技发展日新月异,新技术在实践中不断迭代演进,原有种植企业标准在一定程度上无法充分满足北大荒农垦集团大农业绿色高质量发展的需求和农户生产实践的迫切需要,倒逼我们必须对原有技术标准作进一步更新与充实。

此次选定的五种作物种植面积占黑龙江垦区耕地面积的99%,其代表性毋庸置疑,五大作物新标准体系的形成也将为北大荒农垦集团全面推进农业产业全程标准化建设工作提供遵循、夯实基础,意义重大。

编　者

2021年10月

目　　录

ICS 65.020.01
CCS B 05

北大荒农垦集团有限公司企业标准

Q/BDHZZ 0001—2020

北大荒水稻种植技术

2020-10-25 发布

2021-01-01 实施

北大荒农垦集团有限公司 发布

前　言

　　本文件按照 GB/T 1.1—2020《标准化工作导则　第 1 部分:标准化文件的结构和起草规则》的规定起草。

　　本文件由北大荒农垦集团有限公司提出并归口。

　　本文件起草单位:北大荒农垦集团有限公司、黑龙江省农垦科学院水稻研究所、黑龙江八一农垦大学、北大荒农垦集团有限公司建三江分公司、北大荒农垦集团有限公司牡丹江分公司。

　　实施单位:北大荒农垦集团有限公司。

　　本文件主要起草人:王守聪、解保胜、杜明、萧长亮、董桂军、吴伟宗、蔡德利、李国俊、孙伟海。

北大荒水稻种植技术

1 范围

本文件规定了北大荒农垦集团有限公司粳稻谷生产的术语和定义、农时、品种选择、秧田管理、移栽、本田管理、生产废弃物处理和生产档案建立。

本文件适用于北大荒农垦集团有限公司主茎 11 叶和主茎 12 叶水稻品种机插大田栽培,生态条件相近的稻区可参照使用。

2 规范性引用文件

下列文件中的内容通过文中的规范性引用而构成本文件必不可少的条款。其中,注日期的引用文件,仅该日期对应的版本适用于本文件;不注日期的引用文件,其最新版本(包括所有的修改单)适用于本文件。

GB 4404.1 粮食作物种子 第 1 部分:禾谷类

GB 5084 农田灌溉水质标准

GB/T 17891 优质稻谷

GB/T 20864 水稻插秧机 技术条件

NY/T 391 绿色食品 产地环境质量

NY/T 498 水稻联合收割机 作业质量

NY/T 593 食用稻品种品质

NY/T 2978 绿色食品 稻谷

3 术语和定义

下列术语和定义适用于本文件。

3.1

寒地 cold region

中国东北冬季冻土层大于 1 m 的区域。

3.2

条田 stripe field

为方便机械作业和田间管理而建设的长方形田块。

3.3

高床 seedling bed above the ground

高于地面的秧床。

3.4

底土 subsoil

水稻播种前秧盘内装的营养土。

3.5

底水 the water poured on the rice seedling bed before sowing

水稻播种前秧盘内浇的水。

3.6

出苗 seedling emergence

水稻秧苗 80% 露尖的时期。

4 农时

4.1 播种期

当地日平均气温稳定在 5 ℃以上时,即为寒地水稻大棚旱育秧播种始期。

4.2 移栽期

当地日平均气温稳定在 12.5 ℃以上时为寒地水稻旱育秧中苗(3.1 叶龄~3.5 叶龄)安全移栽最早日期;当地日平均气温稳定在 14 ℃以上时为寒地水稻旱育秧大苗(4.1 叶龄~4.5 叶龄)安全移栽期。

4.3 抽穗期

旱育移栽水稻从抽穗至成熟的活动积温为 900 ℃时,为寒地水稻最晚抽穗期。

4.4 成熟期

当日平均气温降到 13 ℃以下时,为寒地水稻安全成熟最晚日期。

5 品种选择

种子质量应符合 GB 4404.1 和 NY/T 593 的要求。选择品质优良、熟期适宜、抗性广泛的品种。北大荒农垦集团有限公司第 1 积温带稻作区可选主茎 10 叶~14 叶水稻品种种植,宜种植 12 叶和 13 叶水稻品种;第 2 积温带稻作区可选主茎 10 叶~13 叶水稻品种种植,宜种植 11 叶和 12 叶水稻品种;第 3 积温带稻作区选择主茎 10 叶~12 叶水稻品种种植,宜种植 11 叶水稻品种。

5.1 品质优良

选择整精米率高、直链淀粉含量低、综合评分优的优质水稻品种。

5.2 熟期适宜

选择与当地积温条件相适宜的品种,严禁跨区种植,保证从抽穗到成熟的活动积温≥900 ℃。

5.3 抗性广泛

所选品种要求具有较强的耐寒性、抗倒性和抗病性。

6 秧田管理

6.1 秧田建设

根据水田分布状况,选择地势平坦、背风向阳、排水良好、灌溉方便、土壤偏酸、交通便利、肥沃且无农药残留的旱田,按水田面积 1/80~1/60 的比例建设集中的旱育苗基地。育苗基地环境质量应符合 NY/T 391 的要求。

6.2 秧田耕整

每年秋季将秧田旋耕整平,根据秧床的长和宽,修成>8 cm 的高床,备下一年使用。

6.3 置床

秧田每 10 m² 内高低差<0.5 cm,置床边缘每 10 m 误差≤1 cm。置床上实下松、松实适度,均匀一致。

6.4 秧田调酸

每 100 m² 用 77.2%固体硫酸 2 kg~3 kg 拌过筛细土后均匀撒施在置床表面,再耙入土中 0 cm~5 cm,使秧田床土 pH 达 4.5~5.5。

6.5 秧田杀菌

可用 3%甲霜·噁霉灵 15 mL/m²~20 mL/m² 或 30%甲霜·噁霉灵 1.5 mL/m²~2.0 mL/m²,每100 m² 兑水 5 kg~10 kg,喷施置床。

6.6 秧田除虫

摆盘前置床用 2.5%溴氰菊酯乳油每 100 m² 2 mL 兑水 6 kg 喷洒,防治害虫。

6.7 秧田施肥

秧田尿素、磷酸二铵和硫酸钾用量分别为每 100 m² 2 kg、5 kg 和 2.5 kg,肥料均匀施在置床上并把入土中 0 cm～5 cm。

6.8 摆盘装土

6.8.1 摆盘要求

在播种前 3 d～5 d 摆盘,摆盘时要求盘底与置床接触紧密,秧盘摆放横平竖直,秧盘边缘整齐一致,每 10 m 内误差≤0.5 cm。秧盘侧边与底部垂直不变形,秧盘间衔接紧密,边盘用细土封严。

6.8.2 底土厚度

摆盘时装土,盘内装底土厚度 2 cm,每 10 m² 内高低差<0.5 cm。

6.8.3 底水

播种前一次性浇透底水(符合 GB 5084 的要求,下同),确保置床 15 cm～20 cm 土层内无干土。

6.9 旱育秧种子处理

6.9.1 浸种

6.9.1.1 种子分装

选用通透性好的网袋,装入种子量宜为满袋体积的 2/3。

6.9.1.2 浸种水量

浸种时水面宜没过种子 20 cm。

6.9.1.3 杀菌消毒

浸种同时用药剂杀菌消毒,可选用 25% 氰烯菌酯悬浮剂,药剂和水的比例为 1∶(2 000～3 000),或使用含有戊唑醇、精甲霜灵、咯菌腈或多菌灵等成分杀菌剂的种衣剂包衣,或包衣后浸种。

6.9.1.4 浸种温度

浸种温度宜为 11 ℃～12 ℃。

6.9.1.5 种子翻倒

每日翻倒 1 次～2 次。若采用集中浸种催芽方式,每天 8∶00～10∶00 和 20∶00～22∶00 各进行 1 次有氧循环。

6.9.1.6 浸种时间

种子浸好需积温 80 ℃～100 ℃。浸种时间宜为 6 d～7 d,机械干燥或吸水能力差的种子适当延长浸种时间 1 d～2 d。

6.9.1.7 浸好种子的标志

浸好种子的标志是种子颖壳表面颜色变深,种子呈半透明状态,透过颖壳可以看到腹白和种胚,剥去颖壳米粒易掐断,手捻成粉末,没有生芯。

6.9.2 催芽

6.9.2.1 常规催芽

种子破胸温度为 32 ℃,催芽温度为 25 ℃～28 ℃。种子催芽时间宜为 24h～36h。

6.9.2.2 快速催芽机催芽

用快速催芽机催芽时,浸种和催芽同时进行,温度为 32 ℃,催芽时间 40h～60h。

6.9.2.3 芽谷要求

芽谷发芽整齐、芽长一致,芽长和根长≤2 mm。

6.9.2.4 晾芽

在室内常温条件下晾芽,避免阳光直射,严防种芽过长和芽干。晾芽时间宜≤24h,芽谷达到不黏手状态即可播种。

6.10 播种

6.10.1 播种期

详见 4.1。

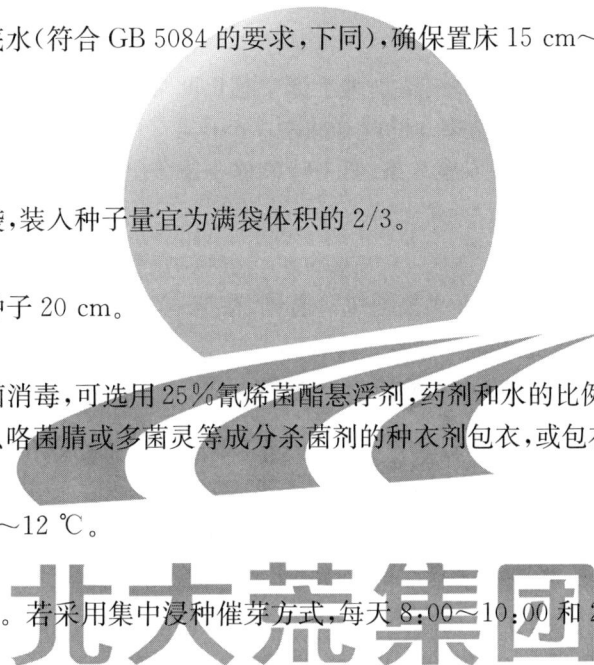

6.10.2 播种量

机插中苗芽种播种密度为 2.7 粒/cm² ～3 粒/cm²;钵育苗为 3 粒/穴～5 粒/穴。

6.10.3 覆土

覆土选用未施肥的过筛细土,厚度宜为 0.7 cm～1.0 cm。

6.10.4 盖地膜

覆土后及时盖地膜,地膜四周压实封严。出苗达 50%～80% 时揭膜,棚边出苗不好的继续用膜覆盖增温。

6.11 秧苗管理

6.11.1 旱育机插中苗标准

秧苗叶龄 3.1 叶～3.5 叶,日龄 30 d～35 d;地上部中茎长度≤3 mm,第 1 叶鞘高≤3 cm,第 1 叶叶耳与第 2 叶叶耳间距 1 cm,第 2 叶叶耳与第 3 叶叶耳间距 1 cm,第 3 叶的叶长 8 cm,株高 13 cm;地下部分种子根 1 条,鞘叶节根 5 条,不完全叶节根 8 条,第 1 叶节根 9 条突出待发;秧苗百株地上部干重≥3 g。

6.11.2 温度管理

6.11.2.1 种子根发育期

秧田温度≤32 ℃,超过 32 ℃时打开大棚通风口通风,在 16:00～17:00 关闭通风口。

6.11.2.2 第 1 完全叶伸长期

水稻在 2.5 叶时进入离乳期。秧田温度控制在 22 ℃～25 ℃,超过 28 ℃时,需通风炼苗,做到早通风、早炼苗、炼小苗。

6.11.2.3 离乳期

水稻 2.5 叶进入离乳期。秧田控制在 20 ℃～22 ℃,超过 25 ℃时要大通风,湿度大或下雨时也需通风。秧苗在 3.1 叶～3.5 叶时,若夜间温度>10 ℃时,需保持昼夜通风状态。

6.11.3 水分管理

6.11.3.1 种子根发育期

若秧田整体或局部湿度过大时,需日间揭膜散墒,晚上盖上地膜;若秧田过干,应及时揭开地膜补水。露种处需及时补土,再盖上地膜。

6.11.3.2 第 1 完全叶伸长期

保持苗床旱育状态,苗床过干地方补水。

6.11.3.3 离乳期

若秧床土面发白、早晚叶尖不吐水或午间心叶卷曲,则宜在 9:00 前补水,一次浇透;反之,保持旱育状态。

6.11.3.4 苗期施肥

分别在秧苗 1.5 叶期和 2.5 叶期追肥,用尿素或硫酸铵,用量为纯氮 6 g/m²。

6.11.3.5 离乳期病害防治

离乳期秧田 pH 未在 4.5～5.5 时需调酸。调酸时,将固体酸与土或沙子充分混拌,每平方米宜拌土或沙子 350 cm³,均匀撒施在秧田上,施完固体酸后及时洗苗。

6.11.3.6 杂草防治

在秧苗离乳期,可用 48% 灭草松水剂 0.3 mL/m² 等茎叶喷雾除阔叶草,用 10% 氰氟草酯乳油 0.1 mL/m² 等茎叶喷雾除稗草。

6.11.3.7 移栽前准备

移栽前,秧苗需带磷肥、杀虫剂(内吸型)、菌肥和硅肥。

7 移栽

7.1 水稻插秧机要求

选择符合 GB/T 20864 要求的水稻插秧机插秧。

7.2 移栽规格和密度

移栽规格宜为 23 穴/m²～30 穴/m²,插秧密度宜为 4 株/穴～7 株/穴。

7.3 移栽质量要求

插秧时本田保持花达水状态,机插深度为 1 cm～2 cm。插秧后秧苗直立,行穴距规整,每穴苗数均匀。

8 本田管理

8.1 稻田选择

选择地势平坦、灌水和排水方便、土壤 pH 6.0～7.0 的区域种植水稻,产地环境质量符合 NY/T 391 中对水田的要求。

8.2 稻田准备

8.2.1 灌排渠系

8.2.1.1 总体要求

完善稻田建设,确保水渠能灌能排,灌排通畅。

8.2.1.2 规格

根据地形条件,条田长度宜为 500 m～800 m;条田宽度宜为 30 cm～50 cm。每隔 3 个～5 个条田,在排水渠一侧设道路,路宽 4 m～6 m,高出地面≥0.5 m。

8.2.2 筑埂

加固池埂,池埂需结实耐用,埂高 30 cm。

8.2.3 泡田

泡田时灌水深达土壤垡块高度的 2/3。

8.2.4 整地

旋耕深度为 12 cm～14 cm;同一格田内高低差＜3 cm。

8.3 生长发育标准

8.3.1 4 叶期生长发育标准

第 4 叶的最晚定型日期为 6 月 5 日,平均叶长为 11 cm,叶色浓于叶鞘,叶态以弯为主,平均株高 17 cm。4 叶定型时,田间茎数应达 130 个/m²,即 10％植株生长出分蘖。

8.3.2 5 叶期生长发育标准

第 5 叶的最晚定型日期为 6 月 10 日,平均叶长为 16 cm,叶色浓于叶鞘,叶态以弯为主。5 叶定型时,田间茎数为 150 个/m²～180 个/m²,达计划茎数的 30％左右。

8.3.3 6 叶期生长发育标准

第 6 叶的最晚定型日期为 6 月 15 日,平均叶长为 21 cm,叶色浓绿,深于叶鞘。叶态以弯、披为主。6 叶定型时,田间茎数达到为 300 个/m²,为计划茎数的 50％～60％。

8.3.4 7 叶期生长发育标准

第 7 叶的最晚定型日期为 6 月 20 日,平均叶长为 26 cm,叶色浅于第 6 叶,叶态以弯为主。7 叶定型时,田间茎数为 450 个/m²～500 个/m²,为计划茎数的 80％左右。

8.3.5 8 叶期生长发育标准

第 8 叶的最晚定型日期为 6 月 25 日,平均叶长为 31 cm,叶态以弯、挺为主;8 叶长出一半时,11 叶品种的田间茎数达到预期计划的茎数;12 叶品种的田间茎数达到计划茎数的 80％。

8.3.6 9 叶期生长发育标准

第 9 叶的最晚定型日期为 7 月 2 日,平均叶长为 36 cm,叶态以直挺为主。12 叶品种达到计划茎数。

8.3.7 10 叶期生长发育标准

第 10 叶的最晚定型日期为 7 月 9 日,11 叶品种的平均叶长为 31 cm,12 叶品种的平均叶长为 41 cm,

叶鞘颜色应深于叶片,叶态以挺叶为主。

8.3.8 11叶期生长发育标准

11叶品种剑叶的最晚定型日期为7月15日～16日,平均叶长25 cm,叶鞘颜色深于叶片。12叶品种第11叶的最晚定型日期为7月15日～16日,平均叶长35 cm,叶鞘颜色深于叶片。

8.3.9 12叶期生长发育标准

12叶品种剑叶的最晚定型日期为7月20日～21日,叶鞘颜色深于叶片。

8.4 本田诊断标准

8.4.1 返青诊断

晴天中午有50%以上植株心叶展开;清晨秧苗叶尖吐水;秧苗生出新根。

8.4.2 叶龄诊断

8.4.2.1 标记叶龄法

插秧后,在池埂边向里数第3行上,选择穴数均匀,穴株数相近似的10穴为调查对象,用不会被雨水冲洗掉的、显眼的记号笔在各株幼苗主茎的第3叶标记,随水稻生长,跟踪标记5叶、7叶、9叶。

8.4.2.2 种谷偏向法

水稻的4叶期和5叶期,水稻种谷一侧着生的叶片为单数叶,反之为双数叶。

8.4.2.3 叶脉偏向法

水稻6叶、7叶、8叶、9叶期,面对叶片正面,主叶脉偏向观察者左侧的为双数叶,反之为单数叶;使用叶脉偏向法识别叶龄有误差,要调查10株以上,以多数为准。

8.4.3 有效分蘖诊断

在有效分蘖临界叶位(11叶品种为第8叶,12叶品种为第9叶)前出生的分蘖一般为有效分蘖;当主茎拔节时,分蘖叶的出叶速度仍与主茎保持同步的为有效分蘖;主茎拔节时,分蘖包括心叶有4片绿叶的为有效分蘖,有3片绿叶可能为有效分蘖,有2片以下绿叶为无效分蘖;有自身根系的分蘖为有效分蘖,自身根系少或没有根系的为无效分蘖。

8.4.4 封行诊断

剑叶露尖为寒地水稻封行适期。栽插行距30 cm的稻田,站在田埂上顺向观察4 m～5 m处,由于稻叶覆盖而看不到水面或土面,就叫封行。

8.4.5 减数分裂期诊断

剑叶叶耳在倒2叶叶鞘内10 cm(−10 cm)时,是减数分裂始期;两叶叶耳重叠时,叶耳间距为0,是减数分裂盛期;剑叶叶耳超出倒2叶叶耳10 cm(+10 cm)是减数分裂末期。叶耳间距为−5 cm～+5 cm为花粉母细胞减数分裂的小孢子形成初期,为抽穗前8 d～14 d,是影响寒地水稻花粉发育的低温最敏感期,若日平均气温低于17 ℃,易影响水稻受精结实,即遭遇障碍性冷害。

8.4.6 叶长诊断

高产田水稻后4叶叶长序为倒3≥倒2>倒1>倒4或倒2≥倒3>倒1>倒4。

8.4.7 幼穗诊断

11叶品种在8叶期后半叶生长时(7.5叶龄)开始幼穗分化(第1苞原基分化);11叶品种的第9叶露出到定长的一个叶期间,幼穗分化处于枝梗分化期(1次～2次枝梗分化),幼穗长0.5 mm～1.0 mm。12叶品种的第9叶后半叶(8.5叶)开始幼穗分化(苞分化);11叶品种在第10叶时的幼穗处在颖花分化期,幼穗长已有1 cm左右,12叶品种第10叶露出到定长的一个叶期间,幼穗分化处于枝梗分化期,幼穗长0.5 mm～1.0 mm;11叶品种在第11叶时处于减数分裂期,幼穗长度达到1.5 cm,12叶品种处于颖花分化期,幼穗长为1 cm左右;12叶品种在第12叶时处于减数分裂期,幼穗长超过1.5 cm。

8.5 水层管理

水稻移栽后,分蘖期保持3 cm～5 cm水层。在蜡熟前主要采用间歇灌溉,先灌3 cm～5 cm水层,水层自然下降至花达水后再灌3 cm～5 cm水层,如此反复;待田间茎数占计划穗数≥80%时,通过晒田控制无效分蘖,达到田面出现≤2 mm龟裂后恢复间歇灌溉;若抽穗前8 d~14 d气温≤17 ℃,保持田间水层≥17 cm,用于防御障碍性冷害。气温恢复后继续采用间歇灌溉方式。若水稻生育过旺、叶色偏深,要求在抽穗前4 d~5 d晾田3 d~4 d;蜡熟期灌3 cm~5 cm水层,水层自然下降至脚窝无水再补水,如此反复。蜡熟末期停灌,黄熟初期排干。停灌时间在抽穗后≥30 d,防止干旱逼熟。

8.6 施肥

8.6.1 基肥

8.6.1.1 施肥时期

本田整平前施入基肥,施用基肥后及时整地。

8.6.1.2 肥料运筹

全年氮、磷、钾用量(全年总用量范围)比例宜为1:0.5:0.8。其中,氮肥的基肥用量宜为全年氮肥总量的40%;磷肥全部基施;钾肥的基肥用量为全年钾肥总量的50%~70%。

8.6.2 分蘖肥

8.6.2.1 施肥时期

分蘖肥分2次施。第1次分蘖肥在水稻返青后4叶期施用,11叶品种的第2次分蘖肥在水稻5.5叶期施用,12叶品种在水稻6.1叶期施用。

8.6.2.2 施肥量

分蘖肥全部采用氮肥,施用总量为全年氮肥总量的30%。第1次分蘖肥施分蘖肥总量的70%~80%,第2次分蘖肥施分蘖肥总量的20%~30%。

8.6.3 调节肥

8.6.3.1 施肥时期

11叶品种在7.1叶~8.1叶期施调节肥,12叶品种在8.1叶~9.1叶期施调节肥。

8.6.3.2 施肥量

水稻功能叶褪淡达2/3的地块施调节肥,且施在叶色变浅集中的区域。对于未达到计划茎数(550个/m²)的地块,调节肥的用量为10%以内;田间茎数明显不足的地块,可酌情增施,但不超过全生育期氮肥用量的25%;田间茎数超过550个/m²或叶色浓郁的地块不宜施调节肥,并提前晒田。

8.6.4 穗肥

8.6.4.1 施肥时期

倒2叶露尖至生长出一半时追施穗肥。

8.6.4.2 施肥量

田间出现拔节黄时需施穗肥。若此时水稻叶色未变浅、底部叶片枯萎和有稻瘟病害发生,应推迟施用穗肥,并采取晒田壮根或施药防病后再施穗肥;叶色不落黄、长势繁茂不宜再施穗肥。氮肥用量为全年氮肥总量的10%~20%,钾肥用量为全年钾肥总量的30%~50%。

8.7 病害防治

8.7.1 长穗期病害

8.7.1.1 稻瘟病

可选2%春雷霉素水剂1 500 mL/hm²或9%吡唑醚菌酯微囊悬浮剂975 g/hm²等防治水稻稻瘟病。叶瘟的最佳防治时期为11叶品种的9.1叶~9.5叶期,12叶品种的10.1叶~10.5叶期;穗颈瘟的最佳防治时期为孕穗末期和齐穗期。

8.7.1.2 纹枯病

可选9%吡唑醚菌酯微囊悬浮剂975 g/hm²或250 g/L嘧菌酯等悬浮剂450 mL/hm²等预防水稻纹枯病。最佳防治时期为水稻分蘖末期和孕穗期。

8.7.1.3 褐变穗

可选3%多抗霉素水剂1 500 mL/hm²等防治水稻褐变穗。最佳防治时期为水稻孕穗末期和齐穗期。

8.7.1.4 鞘腐病

可选43％戊唑醇悬浮剂300 mL/hm²，或50％多菌灵可湿性粉剂1 500 g/hm²等防治水稻鞘腐病。最佳防治时期为水稻孕穗初期和末期。

8.7.1.5 细菌性褐斑病

可选27.12％碱式硫酸铜悬浮剂1 050 mL/hm²等防治水稻细菌性褐斑病。防治时期宜为11叶品种的9.1叶～9.5叶期，12叶品种的10.1叶～10.5叶期。

8.7.1.6 田间混合病害防治

若水稻稻瘟病、胡麻斑病、鞘腐病、纹枯病、褐变穗、细菌性褐斑病等病害在田间混合发生时，采取化学农药与生物农药协同防治。可选30％嘧菌酯·戊唑醇悬浮剂600 mL/hm²、3％多抗霉素水剂1 500 mL/hm²和2％春雷霉素水剂1 500 mL/hm²混配施用，或2％春雷霉素水剂1 500 mL/hm²、3％多抗霉素水剂1 500 mL/hm²和43％戊唑醇悬浮剂300 mL/hm²混配施用，或2％春雷霉素水剂1 500 mL/hm²、3％多抗霉素水剂1 500 mL/hm²和50％多菌灵可湿性粉剂1 500 g/hm²等混配施用。最佳防治时期为水稻孕穗期和齐穗期。

8.7.2 结实期病害

结实期枝梗瘟和粒瘟的最佳防治时期为水稻抽穗后15 d～20 d，药剂选择和用量同8.7.1.1。

8.8 杂草防治

8.8.1 封闭除草

水整地结束后插秧前，可选用38％噁草酮悬浮剂950 mL/hm²～1 200 mL/hm²等，防治稗草和阔叶杂草。

8.8.2 返青和分蘖期除草

8.8.2.1 稗草防治

1.5叶期～2.1叶期稗草，可选用100 g/L氰氟草酯乳油1 200 mL/hm²～1 500 mL/hm²；2.1叶～5.1叶期稗草，可选用100 g/L氰氟草酯乳油1 500 mL/hm²～1 800 mL/hm²。

8.8.2.2 阔叶杂草防治

田间有阔叶杂草，可在除稗草药液中混配48％灭草松水剂2 700 mL/hm²～3 000 mL/hm²。

8.8.2.3 喷药方法

背负式喷雾器喷液量225 L/hm²（以下茎叶喷雾施药均参考此喷液量）；茎叶喷雾，施药前排水，露出杂草后施药。

8.8.3 生育转换期除草

泽泻、慈姑等杂草，可选用56％二甲四氯钠可溶性粉剂150 g/hm²与48％苯达松水剂2 250 mL/hm²混配，或460 g/L的二甲四氯灭草松可溶性液剂2 000 mL/hm²～2 500 mL/hm²，茎叶喷雾。

8.8.4 长穗期除草

及时拔除田间残余杂草和清理堤埂上的杂草，保持田间清洁，防止杂草反复蔓延，为水稻创造良好的通风透光条件。

8.9 虫害防治

8.9.1 返青和分蘖期虫害防治

8.9.1.1 化学防治

当田间发生潜叶蝇时，防治可选用70％噻虫嗪悬浮剂75 g/hm²等进行防治。

8.9.1.2 物理防治

潜叶蝇和负泥虫防治可采用生物防治方法，在水稻插秧后，将黄色诱虫板展开并固定，悬挂密度为225片/hm²～300片/hm²，固定位置需距作物上部15 cm～20 cm，诱杀潜叶蝇和负泥虫成虫。

8.9.2 长穗期虫害物理防治

铲除田边杂草。7月初，利用性诱剂群集诱杀方法遏制稻螟蛉的发生和危害，采用以管状诱芯为载体的性诱剂诱杀雄蛾;化蛹盛期摘去并捡净田间三角蛹苞。

8.10　收获

水稻抽穗后在有效积温 900 ℃～1 000 ℃、穗轴长度≥2/3 变黄、颖壳和小穗轴≥95％变黄时收获,于晴天的 9:00～17:00 采用联合收割机收获,一次完成水稻的收割、脱粒、茎秆分离、谷粒清选、谷粒装袋或进入输粮箱、随车卸粮等工序。机械直收作业质量应符合 NY/T 498 的要求,稻谷卫生品质及质量应符合 NY/T 2978 和 GB/T 17891 中有关规定。机械直收综合损失率要控制在 3％以内,谷外糙米在 2％以内。

9　生产废弃物处理

9.1　生产过程中产生的农药包装袋、包装纸、塑料/玻璃瓶等应该统一回收,妥善处理,不能随地丢弃。

9.2　收获后的秸秆全量还田或者秸秆综合利用。

9.3　水稻机械直收时采用高茬收割,茬高 30 cm～40 cm;分段收获时茬高宜为 15 cm～25 cm。秸秆粉碎长度 5 cm～10 cm,抛撒均匀,然后将＞90％的水稻秸秆翻入地下 10 cm～20 cm,扣垡严密。

10　生产档案建立

对应地号建立水稻生产档案,包括生产投入品采购、出入库、使用记录,农事、收获、储运记录。所有记录应真实、准确、规范,并可追溯。

参考文献

[1] 徐一戎,邱丽莹.寒地水稻旱育稀植三化栽培技术图历[M].哈尔滨:黑龙江科学技术出版社,1995

[2] 解保胜,孙作钊.依当地气温条件做好水稻计划栽培[J].北方水稻,2010(6):26-30

[3] GB 4404.1　粮食作物种子　第1部分:禾谷类

[4] NY/T 593　食用稻品种品质

[5] 解保胜.寒地水稻生育智慧调控技术[M].哈尔滨:黑龙江科学技术出版社,2017

[6] NY/T 391　绿色食品　产地环境质量

[7] GB/T 20864　水稻插秧机　技术条件

[8] 陈温福.北方水稻生产技术问答[M].北京:中国农业出版社,2010

[9] NY/T 498　水稻联合收割机　作业质量

[10] NY/T 2978　绿色食品　稻谷

[11] GB/T 17891　优质稻谷

[12] 解保胜,慕永红,李军,等.寒地水稻经济施肥技术研究[J].现代化农业,1997(1):23-25

[13] 慕永红,李军,王焱.寒地水稻氮肥施用技术研究[J].现代化农业,1996(12):12-13

[14] 慕永红,孙海燕,孙建勇,等.不同施氮比例对水稻产量与品质的影响[J].黑龙江农业科学,2000(3):18-19

[15] 解保胜.寒地水稻优质高产攻关总结[J].现代化农业,2006(1):10-12

[16] 陈淑杰.水稻液施苗床肥使用技术[J].现代化农业,2010(3):20-22

[17] 慕永红,曹书恒,顾春梅,等.寒地稻区稻草还田培肥地力技术[J].黑龙江农业科学,2002(5):41-44

[18] 慕永红,曹书恒,顾春梅,等.稻草机械化直接还田技术[J].现代化农业,2003(1):13-15

[19] 那永光,陈淑洁,杨桂荣,等.寒地水稻亩产700千克产量构成特征研究[J].现代化农业,2010(3):33-34

[20] 顾春梅,曹书恒,解保胜,等.寒地水稻旱育稀植分蘖发生特点、生产力及米质[J].现代化农业,2000(6):6-7

[21] 那永光,陈淑洁,王丽萍.寒地水稻亩产700千克群体形态特征研究[J].现代化农业,2010(8):31-32

[22] 凌启鸿.稻作新理论[M].北京:科学出版社,1994

[23] 凌启鸿,等.水稻精确定量栽培实用技术[M].南京:江苏凤凰科学技术出版社,2017

[24] 凌启鸿.作物群体质量[M].上海:上海科学技术出版社,2005

[25] 凌启鸿.水稻叶龄模式的应用[M].南京:江苏科学技术出版社,1991

《北大荒水稻种植技术》编制说明

本文件起草组

一、任务来源

根据《北大荒农垦集团有限公司主要农作物种植标准体系制定工作思路》的要求,由北大荒农垦集团有限公司提出,黑龙江省农垦科学院水稻研究所、黑龙江八一农垦大学、北大荒农垦集团建三江分公司和北大荒农垦集团牡丹江分公司共同参加,成立起草组,负责制定《北大荒水稻种植技术》企业标准。

二、标准编制原则和范围

（一）标准制定原则

本文件在制定工作中遵循"科学性、实用性、统一性、规范性"的原则,在尊重试验数据基础上,注重标准的实用性和可操作性,综合考虑生产企业的能力和用户的利益,寻求最大的经济效益、社会效益,充分体现了标准在技术上的先进性和合理性。标准的编写格式符合《标准化工作导则　第1部分:标准化文件的结构和起草规则》(GB/T 1.1—2020)要求。

（二）标准制定范围

本文件规定了北大荒农垦集团有限公司粳稻谷生产的术语和定义、农时、品种选择、秧田管理、移栽、本田管理、生产废弃物处理和生产档案建立。

本文件适用于北大荒农垦集团有限公司主茎11片叶和12片叶水稻品种种植区域,其他品种和生态区相近种植区域可参考使用。

三、标准编制的工作过程

为了规范北大荒农垦集团有限公司各种植基地水稻生产,促进水稻标准化生产,提高北大荒农垦集团有限公司水稻产品的竞争力,根据《北大荒农垦集团有限公司主要农作物种植标准体系制定工作思路》的要求起草本企业标准,作为北大荒农垦集团有限公司水稻生产的依据。项目下达后,按照项目任务书的要求,项目主持单位积极组织技术骨干成立标准起草工作组,研究和制订了标准编制工作方案,并按照企业标准修订要求展开标准制定工作,严格按照GB/T 1.1—2020的规定制定标准。

（一）调研、收集阶段

2019年3月至2020年3月,调研、收集黑龙江省水稻行业种植技术及研究数据,收集相关地方标准、国家标准、行业标准,为标准起草做准备。

（二）成立标准起草工作组，制订工作方案，撰写标准征求意见初稿

2020年4～7月,依照联合协作单位,组织技术骨干成立了标准起草工作组。工作组成员均有较丰富的专业知识和实践经验,熟悉业务,了解标准化工作的相关规定并具有较强的文字表达能力。项目主持人制订工作计划,明确了内部分工及进度要求,责任落实到人。与集团公司、分公司、农场和生产企业技术人员交流,在生产和推广应用中重点关注的问题,起草了标准征求意见初稿。

（三）讨论、发放征求意见稿并汇总，完善标准送审稿

2020年8月至10月上旬,标准起草组本着科学、严谨的态度,进行了4次修改和讨论,形成标准征求意见稿,向北大荒集团总公司主要领导、10个北大荒农业股份有限公司分公司、18个农场、12个分公司等生产企业共计50余家,全面广泛进行意见征求工作。截至2020年10月初,收到建议或意见的15人,共反馈100条意见,形成征求意见汇总表。于2020年10月12日完成了标准送审稿的终稿,同期完成了编制说明等全套送审材料。

（四）参加标准审定会，完成校准报批稿

北大荒农垦集团有限公司于2020年10月15日召开标准审定会,全体与会委员对标准送审稿及其相

关材料进行了全面审查,提出了修改意见和建议,评审结论为通过并一致同意按此意见修改后上报审批。

会后,标准起草组按照标准审定会上专家提出的意见和建议对标准送审稿进行了认真细致的修改,并于 2020 年 10 月 25 日完成了标准的报批稿并上报相关管理部门。

四、标准主要起草人及其任务分工

本文件主要起草人有 9 人:王守聪、解保胜、杜明、萧长亮、董桂军、吴伟宗、蔡德利、李国俊、孙伟海。

由杜明、萧长亮负责标准相关资料的收集、整理,编写标准稿、标准编制说明等材料的编写工作。

由王守聪、解保胜、董桂军、吴伟宗、蔡德利负责标准起草组的整体协调,技术指标验证与标准内容的修改研讨工作。

由李国俊、孙伟海负责验证试验的现场组织,标准技术指标验证及参与标准内容的修改研讨工作。

五、标准编制的主要内容及技术指标

(一)标准编制的主要内容

标准主要对水稻种植技术标准范围、规范性引用文件、术语和定义、农时、品种选择、秧田管理、移栽、本田管理、生产废弃物处理和生产档案建立共 10 个部分进行了详细规定。

(二)标准编制的技术指标

(1)本企业标准制定了北大荒农垦集团有限公司主茎 11 片叶和 12 片叶水稻的生产技术标准,与其他同类标准相比,具有适用区域唯一性、生产要求特殊性的特点。

(2)本企业标准以"寒地水稻旱育稀植三化栽培技术"和"寒地水稻叶龄诊断技术"为理论基础,参考国内外水稻研究文献、著作,并在广泛征求北大荒农垦集团有限公司及其下属生产基地的水稻生产管理人员和技术人员建议后编制而成。标准编制过程中,对于存在久远,但仍在生产中广泛应用并效果良好的技术予以保留,如旱育机插中苗标准;对于仍在生产上应用,但不符合水稻安全生产的技术措施予以修正,如病虫草害防治中若干高毒高残留药剂成分;对于特定历史时期应用、但已不符合现在市场需求的技术予以删除,如粒肥施用;对于生产上由于新农机和新装备推广应用而新增的技术,予以验证和添加,如浸种催芽技术标准;对于未经整理的若干试验数据予以总结验证,如水稻生长发育标准。

这些工作的开展,使本企业标准更加符合现代优质粳稻谷生产要求。

(三)主要参考标准及技术资料

本文件在制定过程中,依据参考了以下标准的内容:

GB 4404.1　粮食作物种子　第 1 部分:禾谷类

GB 5084　农田灌溉水质标准

GB/T 17891　优质稻谷

GB/T 20864　水稻插秧机　技术条件

NY/T 391　绿色食品　产地环境质量

NY/T 498　水稻联合收割机　作业质量

NY/T 593　食用稻品种品质

NY/T 2978　绿色食品　稻谷

六、采用国际先进标准的程度,以及与国际同类标准水平的对比情况

本文件的制定基于北大荒农垦集团有限公司水稻种植区域的生产现状和生产要求编制,与同类国家或国际标准相比,具有适用区域唯一性、生产要求特殊性的特点,是相对独立的生产技术标准。

七、与有关的现行法律、法规和强制性国家标准的关系

本文件在制定过程中,参考了《中华人民共和国专利法》《中华人民共和国著作权法》《中华人民共和国行政许可法》《中华人民共和国认证认可条例》等国家现行法律、法规、规章和强制性国家标准的要求,本文件尽量保证与国家、行业的相关法律、法规、规章和强制性国家标准相一致。

八、重大分歧意见的处理经过和依据

无重大分歧。

九、征求意见及重大分歧意见的处理情况

起草组成员积极深入水稻主产区进行实地考察调研,结合生产上的主要问题,制定出《北大荒水稻种植技术》初稿,并形成标准征求意见稿。2020年9月,将标准征求意见发给50余家北大荒分公司及农业生产部门,截至2020年10月初,收到有建议或意见的15人,共反馈100条意见,形成征求意见汇总表。

十、其他应予说明的事项

无其他应说明事项。

附表 《北大荒水稻种植技术》(Q/BDHZZ 0001—2020)征求意见汇总表

附表 《北大荒水稻种植技术》(Q/BDHZZ 0001—2020)征求意见汇总表

反馈意见序号	单位	章节	相应意见	姓名	是否采纳
1	宝泉岭分公司农业发展部	7.3	每穴去掉	李永波	是
2		8.4.7	倒数第2行的12叶品种后加第11叶时		是
3		8.7.1.2	把等去掉		否。不只是这几种药剂,还有其他药剂可以选择
4		8.7.1.5	最佳防治时期不严谨,在6~8月暴风雨天气后也可能出现		是。已修改为:防治时期宜为11叶品种的9.1叶~9.5叶期,12叶品种的10.1叶~10.5叶期
5		8.9.2.2	氧乐果禁止在水生植物上使用		是。已修改为:7月初,利用性诱剂诱杀方法遏制稻螟蛉的发生和危害,用以管状诱芯为载体的性诱剂诱杀雄蛾
6	绥滨农场有限公司	6.9.1.5	大型催芽基地装框操作没有翻倒	李绍坤	是。已修改为:每日翻倒1次~2次。若采用集中浸种催芽方式,每天8:00~10:00和20:00~22:00各进行1次有氧循环
7		6.9.1.6	对于米质硬的品种浸种时间需要增加1d~2d(如龙粳39、龙粳46)		是。已修改为:浸种时间宜为6d~7d,机械干燥或吸水能力差的种子适当延长浸种时间1d~2d
8		6.9.2.2	催芽时间双氧有达到60h的		是。已修改为:催芽时间40h~60h
9	军川农场有限公司	5.3	所选品种要求具有较强的耐寒性、抗倒性和抗病性(建议增加推荐品种附录)	陈龙	否。水稻品种更新换代较快,不宜增加推荐品种
10		6.2	每年秋季将秧田浅翻15cm(每年浅翻是否有必要)		是。已修改为:每年秋季将秧田旋耕15cm,耙后粗整平,根据秧床的长和宽,修成>8cm的高床,备下一年使用
11		6.8	摆盘装土(不知道为什么没有营养土的制备一项)		否。"营养土"在当前生产中不具备普遍性
12		6.9.1	在种子浸泡前5d~7d进行晒种,晒种2d~3d。晒种时将种子均匀摊在苫布上,用木锹翻成小垄状,并经常翻动。严防混杂,严禁用铁锹翻动种子(种子处理工艺部分:6.9.2.3至6.9.2.4由于垦区多数采用智能化浸种催芽,浸种催芽的标准是否需要更改)		是。已删除晒种环节
13		6.10.4	覆土后及时盖地膜,地膜四周压实封严。(后续没有揭膜标准:出苗50%~80%揭膜,棚边出苗不好的继续用膜覆盖增温)		是
14		6.11.7	移栽前,秧苗需带磷肥、杀虫剂(是否应明确为内吸型杀虫剂)、菌肥和硅肥		是
15		7.3	插秧时本田保持花达水状态,机插深度为1cm~2cm。插秧后秧苗直立,每穴(基本)苗数均匀		是
16		8.2.1.2	根据地形条件,条田长度宜为500m~800m;条田宽度宜为30m~50m。每隔3个~5个条田,在排水渠一侧设道路,路宽4m~6m,(与QIBDHNJ002中4.2.2.1数据要求有差异,另外设置道路一项过于占用土地),高出地面≥0.5m		否。在排水渠一侧设置道路是确保机械作业质量和交通顺畅
17		8.2.2	加固池埂,池埂需要结实耐用,埂高30cm(与QIBDHNJ002中4.3.1.4数据要求有差异)		否
18		8.2.3	泡田时灌水深达土壤垡块高度的2/3(是否加上旱平地块的泡田要求)		否。在当前生产中不具备普遍性

反馈意见序号	单位	章节	相应意见	姓名	是否采纳
19	军川农场有限公司	8.2.4	旋耕深度为12 cm～14 cm；同一方田内高低差＜3 cm（旋耕深度建议改为搅浆深度，并与QIBDHNJ002中4.4.2.2一致，但高低差以此为准）	陈龙	是
20		8.5	水层管理（鉴于省水利部门推广的节水灌溉技术的成熟性，建议以此为水层管理标注）		否。所采取的灌溉措施已包含节水技术
21		8.6.1.1	大田整平前施入基肥，施入基肥后及时整地（建议考虑侧深施肥技术的应用）		否。侧深施肥不在本文件中阐述；分段收获内容已添加
22		8.7.1	长穗期病害（建议配方列入附录，仅将最佳防治时期列入标准。附录中可列垦区禁限用农药）		否。标准只回答怎么做
23		9.3	水稻机械直收时采用高茬收割，茬高30 cm～40 cm（与QIBDHNJ0002中4.1.1.1数据不一致，此数据适于生产实际）		否
24	五九七农场		种子质量应符合GB 4404.1（这个标准要求太低，应改成芽率≥90%，病斑粒率≤?，净度99，纯度99.9%，盐水选出率≤2%）和NY/T 593要求。选择品质优良、熟期适宜、抗性广泛的品种。北大荒农垦地区第1积温带稻作区可选主茎10～14叶水稻品种种植，宜种植12叶和13叶水稻品种；第2积温带稻作区可选主茎10～13叶水稻品种种植，宜种植11叶和12叶水稻品种；第3积温带稻作区选择主茎10～12叶水稻品种种植，宜种植11叶水稻品种。种子有加工标准，糙米率≤1%，除芒率99%	段连臣	否。种业生产企业均执行国家标准
25	北大荒农垦集团建三江分公司七星农场	3.5	水稻播种前秧盘内浇的水称为底水	辛明强	是
26		8.2.1.2	条田宽度宜为插秧机宽幅的倍数与插秧宽幅吻合，减少补苗，建议30 cm～50 cm		是
27	北大荒农垦集团牡丹江分公司	3.2	长方形田块称为条田，应根据实际地形地势	孙伟海	否。在定义中已经规定了方便田间管理的内容
28		3.3	高于地面的秧床。无高度标准		否。已在6.2中详细说明
29		6.11.1	秧苗百株地上部干重，种植户无法界定		否。相对其他旱育机插中苗标准准确性更高
30		8.3.8	12叶定型日期与8.3.9重复		是
31	八五〇农场	3.2	原：为方便机械作业和田间管理而建设的长方形田块称为条田。修改为：为方便机械作业和田间管理而建设的方形田块称为条田	付东波	否。参考"三化一管"中描述
32		4.1	原：当地日平均气温稳定在5 ℃以上时，即为寒地水稻大棚旱育秧播种最早日期。修改为：当地日平均气温稳定通过5 ℃时，即为寒地水稻大棚旱育秧播种始期		是
33		4.3	原：旱育移栽水稻从抽穗至成熟的活动积温为900 ℃时，为寒地水稻最晚抽穗期。修改为：旱育移栽水稻从抽穗至成熟的活动积温为850 ℃时，为寒地水稻最晚抽穗期		否。抽穗至成熟的活动积温为900 ℃时，更有利于水稻产量和品质
34		6.2	原：每年秋季将秧田浅翻15 cm，耙后粗整平，根据秧床的长和宽，修成8 cm～10 cm的高床，备下一年使用。修改为：每年秋季将秧田旋耕整平，根据秧床的长和宽，修成8 cm～10 cm的高床，备下一年使用		是。修改为：每年秋季将秧田旋耕整平，根据秧床的长和宽，修成＞8 cm的高床，备下一年使用

反馈意见序号	单位	章节	相应意见	姓名	是否采纳
35		6.9.1.1	原:选用通透性好的浸种袋,装入种子量宜为满袋体积的2/3。修改为:选用通透性好的网袋,装入种子量宜为满袋体积的2/3		是。修改为:选用通透性好的网袋,装入种子量宜为满袋体积的2/3
36		6.9.1.2	原:浸种时水面宜没过种子20 cm。修改为:浸种时水面没过种子20 cm为宜		否。符合GB/T 1.1—2020的编写规则
37		6.9.1.7	原:浸好种子的标志是种子颖壳表面颜色变深,种子呈半透明状态,透过颖壳可以看到腹白和种胚,剥去颖壳米粒易掐断,手捻成粉末,没有生芯。修改为:浸好种子的标志是种子颖壳表面颜色变深,种子呈半透明状态,透过颖壳可以看到腹白和种胚,剥去颖壳米粒易掐断,手捻成粉末,没有硬芯		否。参考"三化一管"中描述
38		6.11.2.1	种子根发育期。原:秧田温度≤32 ℃,超过此温度时打开大棚通风口通风,在16:00～17:00关闭通风口。修改为:秧田温度≤32 ℃,超过32 ℃时打开大棚通风口通风,在16:00～17:00关闭通风口		是
39	八五〇农场	8.7.1.1	原:可选2%春雷霉素水剂1 500 mL/hm²或9%吡唑醚菌酯微囊悬浮剂975 g/hm²等防治水稻稻瘟病。叶瘟的最佳防治时期为11叶品种的9.1叶～9.5叶期,12叶品种10.1叶期～10.5叶期,穗颈瘟的最佳防治时期为孕穗末期和齐穗期。修改为:可选2%春雷霉素水剂1 500 mL/hm²或9%吡唑醚菌酯微囊悬浮剂975 g/hm²等防治水稻稻瘟病。叶瘟的最佳防治时期为11叶品种的9.1叶～9.5叶,12叶品种的10.1叶～10.5叶期,穗颈瘟的最佳防治时期为水稻破口抽穗期和齐穗期	付东波	否。参考农垦水稻中描述
40		8.9.2.1	原:在稻螟蛉幼虫初龄期使用药剂防治,每667 m²可选用30%甲氰菊酯·氧乐果乳油13 mL,或5%甲氨基阿维菌素苯甲酸盐水分散粒剂3 g,或4.5%高效氯氰菊酯乳油30 mL～40 mL或2.5%溴氰菊酯乳油20 mL～30 mL或2.5%高效氯氟氰菊酯乳油20 mL等。以上药剂每667 m²兑水15 L,茎叶喷雾。修改为:在稻螟蛉幼虫初龄期使用药剂防治,每667 m²可选用30%甲氰菊酯·乐果乳油13 mL或5%甲氨基阿维菌素苯甲酸盐水分散粒剂3 g或4.5%高效氯氰菊酯乳油30 mL～40 mL或2.5%溴氰菊酯乳油20 mL～30 mL或2.5%高效氯氟氰菊酯乳油20 mL等。以上药剂每667 m²兑水15 L,茎叶喷雾		是。已修改为:7月初,利用性诱剂群集诱杀方法遏制稻螟蛉的发生和危害,采用以管状诱芯为载体的性诱剂诱杀雄蛾
41		封面	封面上的"北大荒水稻种植技术"建议修改为"北大荒移栽水稻种植技术"		否
42	八五五农场	6.9.2	选种下面的内容建议修改为"种子经过精加工生产线处理选出。"	席振海	是。删除了选种环节
43		6.9.2.3	芽谷要求"芽长和根长<2 mm"建议修改为"统一供种催芽破胸露白即可"		否。芽谷要求是种子即将播种时的状态
44		6.10.2	播种量"3粒/cm²"建议修改为"每100 cm²250粒～260粒"		否。此处描述方便计算

反馈意见序号	单位	章节	相应意见	姓名	是否采纳
45	八五五农场	8.5	水层管理建议在水稻移栽后面加上"分蘖期保持3～5 cm水层。"同时去掉3～5 cm前面的"深"和"浅"字	席振海	是。修改为:分蘖期保持3 cm～5 cm水层
46		8.6.3.2	施肥量下面内容的叶退淡应改为叶褪淡		是。修改为:叶色变浅
47		8.9.1.1	化学防治内容建议增加"发生负泥虫时,可选择触杀型杀虫剂进行防治"		否。目前未有在负泥虫上登记的药剂
48		8.9.2.2	化学防治内容建议增加无人机水田作业标准		否。无人机是作业方式之一,此处不做规定
49	赵光农场	5	建议加上第4积温带9片～10片叶	赵作鹏	否。不具备普遍性
50	九三分公司	3.3	高于地面的秧床。建议修改为:高出地面8～10 cm以上秧床	张盛楠	否。已在6.2中详细说明
51		4.1	播种期:当地日平均气温稳定在5 ℃以上时,建议添加"棚内置床温度稳定通过12 ℃以上时即为寒地水稻大棚旱育秧播种最早日期"		否。经过多年试验结果,当外界气温稳定通过5 ℃,大棚内温度稳定在11～12 ℃,因此,不需额外强调大棚内温度
52		6.4	秧田调酸:每100 m² 用77.2%固体硫酸2 kg～3 kg拌过筛细土后均匀撒施在置床表面,建议添加"或每100 m² 用工业硫酸渣土35 kg～50 kg,均匀撒施在置床表面再耙入土中0 cm～5 cm,使置床pH达4.5～5.5"		否。秧田调酸时,施用工业硫酸渣会导致烧苗现象,因此,不提倡施用
53		7.3	插秧时本田保持花达水状态,机插深度为1 cm～2 cm。插秧后秧苗直立,行穴距规整,每穴苗数100株/m²～120株/m²。建议添加"井灌、苏达盐碱土地区,要适当缩小行、穴距,增加基本苗数"		否。移栽规格、移栽密度和移栽质量要求范围已给出
54	查哈阳农场	6.10.2	钵育苗应根据秧盘和品种决定,不应硬性要求	纪红飞	否。本文件已给出钵育苗每穴播种粒数,与秧盘和秧品质无关
55		7.2	移栽规格为30×14为23.8穴/m²,目前为主栽密度		是。修改为:移栽规格宜为23 穴/m²～30 穴/m²,插秧密度宜为4 株/穴～7 株/穴
56		8.5	表达得过于专业,应用叶龄模式表述		否。灌溉时间与水稻耗水和蒸发量等因素有关,以水层和田间地表状态灌溉相对来说便于操作
57	绥化分公司	6.9.2	建议把集中智能浸种催芽标准列入	朱镇	否。芽谷标准已规定,具体催芽操作事宜根据催芽方式执行
58		6.11.3.5	固体酸与土或沙子混拌比例描述不清楚,建议增加注解		是。修改为:离乳期秧田pH未在4.5～5.5时需调酸。调酸时,将固体酸与土或沙子充分混拌,每平方米宜拌土或沙子350 cm³,均匀撒施在秧田上,施完固体酸后及时洗苗
59		7.3	每穴苗数描述不清楚,建议增加注解		是。修改为:插秧时本田保持花达水状态,机插深度为1 cm～2 cm。插秧后秧苗直立,行穴距规整,每穴苗数均匀
60			建议将单位进行统一,如面积统一为亩或者公顷为单位,剂量单位为L/hm²		是
61	北大荒农垦集团哈尔滨分公司	4.3	关于最晚抽穗期的表述非常专业,但不易考量。是否应表述为"最晚抽穗期为8月"	孟宪杰	否。用积温表述最晚抽穗期更准确
62			瘪谷多少应是种子的标准,本人理解盐选就是把瘪种选掉,留下好种子		是
63		6.11.2.1	关闭通风口时间是否应该有温度要求,不应固定时间		否。16:00～17:00关闭通风口符合生产实践,便于操作
64		7.2	移栽规格各个品种差异较大,不应统一标准		否。已给出了范围
65		8.2.4	整地是否应改成水整地,旋耕深度是否应改成耙地或打浆		否。整地包括水整地、耙地或打浆内容

（续）

反馈意见序号	单位	章节	相应意见	姓名	是否采纳
66			水稻、大豆、玉米种子质量标准采用国家标准是否低？垦区已经采用精量和精准播种了,应该有自己企业用种标准		否。种业生产企业均执行国家标准
67		3.3	原文"高于地面的秧床",改为"高于地面30 cm的秧床"		否。已在6.2中详细说明
68		6.2	原文"每年秋季将秧田浅翻15 cm,耙后粗整平,根据秧床的长和宽,修成8 cm～10 cm的高床,备下一年使用",改为"每年秋季将秧田旋耕15 cm,耙后粗整平,根据秧床的长和宽,修成30 cm的高床,备下一年使用"		是。参考"三化一管"中描述。修改为:修成＞8 cm的高床
69		6.8.3	"15 cm～20 cm"改为"20 cm～30 cm"		否。参考"三化一管"中描述
70		6.9	旱育种子处理中的晒种、选种与当前生产实际不符合,目前统一供种都是包衣种子,"种子经过比重1.13的盐水选出的瘪谷＜2％"应该是对供种企业的要求,种植户自己用盐水选种比例要＞2％		是
71		6.9.1	原文"在种子浸泡前5 d～7 d进行晒种,晒种2 d～3 d。晒种时将种子均匀摊在苫布上,用木锨翻成小垄状,并经常翻动严防混杂,严禁用铁锨翻动种子"。实际生产都是供应芽种,已无此项操作,建议删除		是
72	北大荒农业股份公司	6.9.2	原文中描述的盐水选种方式,目前已淘汰,建议改为机械选种	辛明强	是
73		6.9.1.5	种子翻倒,建议改为"有氧循环"。描述内容为:至少保证每天8:00～10:00和20:00～22:00各进行1次有氧循环		是。修改为:每日翻倒1次～2次。若采用集中浸种催芽方式,每天8:00～10:00和20:00～22:00各进行1次有氧循环
74		6.10.2	原文"机插中苗芽种播种密度为3粒/cm²;钵育苗为3粒/穴～5粒/穴"。改为"机插中苗芽种播种密度为2.7粒/cm²～3粒/cm²;钵育苗为3粒/穴～5粒/穴"		是。修改为:机插中苗芽种播种密度为2.7粒/cm²～3粒/cm²
75		6.10.3	"覆土选用未施肥的土壤"建议改为"覆土选用未施肥的过筛细土"		是。修改为"覆土选用未施肥的过筛细土"
76		6.10.4	盖地膜,缺少三膜覆盖技术		否。其他增温措施由农民自主操作
77		6.11.2.3	离乳期是否应标出叶龄		是。修改为:水稻2.5叶进入离乳期,秧田控制在20 ℃～22 ℃
78		9.3	水稻收获中7.1.2.1水稻割晒机械割茬改为高度15 cm～20 cm		是。修改为:水稻机械直收时采用高茬收割,茬高30 cm～40 cm,分段收获时茬高宜为15 cm～25 cm
79		7.3	原文"插秧时本田保持花达水状态,机插深度为1 cm～2 cm。插秧后秧苗直立,行穴距规整,每穴苗数100株/m²～120株/m²"。改为"插秧时本田保持花达水状态,机插深度为1 cm～2 cm。插秧后秧苗直立,行穴距规整,每穴苗数100株/m²～150株/m²"		是。修改为:插秧时本田保持花达水状态,机插深度为1 cm～2 cm。插秧后秧苗直立,行穴距规整,每穴苗数均匀
80		8.2.4	"同一方田"改为"同一格田"		是

反馈意见序号	单位	章节	相应意见	姓名	是否采纳
81	北大荒农业股份公司	8.3.8	原文"11叶品种剑叶的最晚定型日期为7月15日～16日，平均叶长25 cm，叶鞘色深于叶片。12叶品种的最晚定型日期为7月15日～16日，平均叶长35 cm，叶鞘色深于叶片"，改为"11叶品种剑叶的最晚定型日期为7月15日～16日，平均叶长25 cm，叶鞘色深于叶片"。即后半部分"12叶品种的最晚定型日期为7月15日～16日，平均叶长35 cm，叶鞘色深于叶片"这句关于12叶品种的描述去掉。后面有描述	辛明强	是。修改为：12叶品种第11叶的最晚定型日期
82		8.4.2.1	原文"插秧后，选择几穴便于观察的若干株稻苗，用不会被雨水冲洗掉的、显眼的记号笔准确、统一点记在各株幼苗主茎的第3片叶子上，以后随之水稻的生长，跟踪点记主茎5叶、7叶、9叶"，改为"插秧后，在池埂边向里数第3行上，选择穴数均匀，穴株数相近似的10穴为调查对象，用不会被雨水冲洗掉的、显眼的记号笔在各株幼苗主茎的第3叶标记，随水稻生长，跟踪点记5叶、7叶、9叶"		是。修改为：插秧后，在池埂边向里数第3行上，选择穴数均匀，穴株数相近似的10穴为调查对象，用不会被雨水冲洗掉的、显眼的记号笔在各株幼苗主茎的第3叶标记，随水稻生长，跟踪标记5叶、7叶、9叶
83		8.1	收获内容中有的标准和概念表述与《水田农机田间作业质量》(7.1.2.2；7.1.2.3)有不一致的地方		
84			该技术标准整体缺少垦区农业生产的先进技术，如分段收获技术、侧深施肥技术等		否。侧深施肥不在本文件中阐述；分段收获内容已添加
85	北大荒农垦集团建三江分公司	6.9.2	经过种子加工企业，标准流水线加工后达到用种标准的种子，不需要盐选	李肖凯	是
86		6.9.1.6	浸种积温要达到100℃以上，浸种时间一般9 d～10 d		否。修改为：种子浸好需积温80 ℃～100 ℃
87		6.11.3.4	苗床期不建议使用液体壮秧剂进行追肥		是
88		6.11.3.5	调酸建议使用彤洲牌颗粒酸，均匀撒施在秧床上，施完固体酸后及时浇水，秧田使用噁霉灵类药剂按照使用说明进行茎叶处理		否。标准中，不能体现产品名称
89		7.3	平方米株数100株～180株		是
90		8.2.1.2	根据地形条件，因地制宜，单个格田面积1 hm² 为宜，单个格田长度100 m～200 m，宽度50 m～100 m；四周为林带的地块，地块中间设计田间路(3.5 m～4 m)，路两侧为格田，地块四周为上水渠；地块四周无林带地块，地块中间设计田间路(3.5 m～4 m)，路两侧为格田，每两条格田中间规划上水渠		否。参考"三化一管"中描述
91		8.2.3	泡田灌水符合浅水搅浆要求，一般水层深度为垡块高度的1/2		否。参考寒地水稻生育智慧调控技术
92		第9页	田间侧深施肥技术标准：基蘖肥，机械插秧时同步施入中化(21：15：16)等侧深施肥专用肥(基蘖同施)每667 m² 20 kg～25 kg(建议地力条件好的地块每667 m² 施20 kg～23 kg，地力条件差的地块每667 m² 施23 kg～25 kg)；穗肥，每667 m² 施尿素2 kg(或调节肥1 kg，穗肥1 kg)，50%硫酸钾3 kg		否。侧深施肥不在本文件中阐述
93		8.7.1.1	稻瘟病防治科选用三环唑类、春雷霉素类、稻瘟酰胺类等药剂，其中穗颈瘟最佳防治时间为水稻破口前3.5 d		否。三环唑和稻瘟酰胺不符合A级绿色标准。孕穗末期和齐穗期是防治鞘腐病的关键时期

（续）

反馈意见序号	单位	章节	相应意见	姓名	是否采纳
94	北大荒农垦集团建三江分公司	8.7.1.2	纹枯病防治科选用嘧菌酯类、戊唑醇类等以,最佳防治时间 11 叶品种 10.1 叶期～10.3 叶期	李肖凯	否。已列举部分防治药剂
95		8.7.1.3	褐变穗可选用3%或5%多抗霉素等药剂防治,最佳防治时间为水稻破口前 3 d～5 d,结合穗颈瘟进行同步兼防		否。孕穗末期和齐穗期是防治鞘腐病的关键时期
96		8.7.1.4	鞘腐病,43%戊唑醇悬浮剂未登记显示防治鞘腐病,多菌灵药剂多用于旱田,水田使用较少		是。鞘腐病在农药上未有登记药剂
97		8.7.1.5	春雷霉素对细菌性褐斑病无明显防治效果		是。国产春雷霉素防效低,建议使用进口春雷霉素
98		8.7.1.6	田间混合病害防治,可选用高效低用量药剂(75%禾技、75%拿敌稳)＋3%或者 5%多抗霉素＋磷酸二氢钾等混配使用,防病同时进行健身防病促早熟		否。禾技在农药登记的是纹枯病,拿敌稳在绿色食品农药使用准则上没有
99		8.8.1	坚持以封闭为主、茎叶为辅,根据土壤地力条件、有机质含量,农田杂草基数,科学掌握用量。1. 移栽前 5 d～7 d 进行封闭,甩施或者无人机进行作业;2. 移栽后待水稻返青后农田杂草 3 叶前进行封闭除草;3. 部分恶性杂草要在整地前封闭用药,可选用 60%或者 90%丁草胺悬浮剂＋吡嘧磺隆按照厂家指导用量进行施药		否。已有封闭除草内容,具体操作不作阐述
100		8.9.1.1	当田间发生潜叶蝇时,可采用 70%爱美乐进行防治,当发生负泥虫时可选用 2.5%功夫或者敌杀死进行防治		否。所述药剂不符合食品安全生产相关规定

ICS 65.020.01
CCS B 05

北大荒农垦集团有限公司企业标准

Q/BDHZZ 0002—2020

北大荒大豆种植技术

2020-10-25 发布

2021-01-01 实施

北大荒农垦集团有限公司 发布

前　言

本文件按照 GB/T 1.1—2020《标准化工作导则　第 1 部分:标准化文件的结构和起草规则》的规定起草。

本文件由北大荒农垦集团有限公司提出并归口。

本文件起草单位:北大荒农垦集团有限公司、黑龙江省农垦科学院农作物开发研究所、黑龙江农垦职业学院、九三分公司、北安分公司、北大荒农业股份八五二分公司、九三粮油工业集团有限公司。

实施单位:北大荒农垦集团有限公司。

本文件主要起草人:杨宝龙、蒋红鑫、宋晓慧、董桂军、佟启玉、王德亮、张代平、吕彦学、迟宏伟、赵洪利、史永革。

北大荒大豆种植技术

1 范围

本文件规定了大豆种植的术语和定义、选地、轮作、整地、播种、施肥、田间管理、病虫害防治、收获、储藏、生产档案建立。

本文件适用于北大荒农垦集团有限公司的大豆种植。

2 规范性引用文件

下列文件中的内容通过文中的规范性引用而构成本文件必不可少的条款。其中,注日期的引用文件,仅该日期对应的版本适用于本文件;不注日期的引用文件,其最新版本(包括所有的修改单)适用于本文件。

GB 4402.2 农作物种子质量标准 豆类

NY/T 1276 农药安全使用规范 总则

GB/T 8321(所有部分) 农药合理使用准则

NY/T 496 肥料合理使用准则 通则

3 术语和定义

下列术语和定义适用于本文件。

3.1

大豆"三垄"栽培技术

在行距 65 cm~70 cm 垄上开展以垄体垄沟深松、垄体分层深施肥、垄上双条精量播种为核心技术的种植方式。

3.2

大豆大垄密栽培技术

行距 110 cm 或 130 cm 垄作种植方式与其相适应的栽培技术,采用精量播种,在 110 cm 垄上种植 2 行或 3 行单条苗带,在 130 cm 垄上种植 3 行或 4 行单条苗带。

3.3

玉米茬原垄卡种大豆栽培技术

在上茬为玉米垄作基础上采用少耕或免耕的种植方式与其相适应的栽培技术。

4 选地

4.4 大豆"三垄"和大垄密栽培技术的选地

4.1.1 选择前茬为禾谷类或非豆科类作物地块。

4.1.2 地势平坦、土壤疏松、地面干净、较肥沃的地块,要求地表秸秆少,地表秸秆长度≤10 cm。

4.1.3 地块为秋整地、秋起垄,达到播种状态。

4.2 玉米茬原垄卡种大豆栽培技术的选地

4.2.1 在秋季收获时有计划地选择垄形较好的玉米茬作为来年大豆卡种的良好茬口。

4.2.2 收获前茬作物时不要破坏垄体,不翻动土壤,原茬越冬。

4.3 不同栽培模式的选择

4.3.1 大豆"三垄"栽培技术

低洼、易涝地适合采用此技术。

因地制宜确定深松深度。在没有耕翻和深松基础的地块,深松时一次不能过深,以打破犁底层为原则,逐年加深。在不同土壤条件下密度有所不同,应根据具体情况,公顷收获株数在 20 万~28 万株。

4.3.2 大豆大垄密栽培技术

岗地、排水较好的平川地适合采用此技术。

一定要有深松基础。在杂草基数较大的地块,不宜采用此项技术。在不同土壤条件下密度有所不同,应根据具体情况,公顷收获株数在 30 万~35 万株。

4.3.3 玉米茬原垄卡种大豆栽培技术

在前茬为玉米茬,垄型保持较好,气候较干旱地区可以采用此技术。

春季渍涝农田地块不适宜用此技术。改进播种机性能,改善地表状态,保证播种深浅一致,种子分布均匀、苗齐。在杂草基数较大的地块,不宜采用此项技术。冷凉风沙区,保护性耕作重点在控制沙尘暴和农田沙漠化,减少地表破坏可采用此技术。

5 轮作

5.1 合理轮作

采用三区轮作,如"玉-玉-豆""麦-玉-豆"或"玉-杂-豆",避免重迎茬。

5.2 秸秆还田

将前茬作物秸秆全部粉碎,秸秆长度≤10 cm,均匀抛撒于田间,翻压入土壤。

6 整地

6.1 大豆"三垄"栽培和大垄密栽培技术的整地

6.1.1 整地时期

收获后在土壤水分适宜前提下,耕期宜早不宜迟。土壤水分过大,耕期后延,避免湿耕。

6.1.2 耕翻

耕翻深度以不打乱耕作层为限。伏翻宜深,秋翻宜浅。有深松配合宜浅,无深松配合宜深。耕翻三区套耕,复式作业,不起大块,不出明条,翻垡整齐严密,不重不漏,耕幅、耕深一致。

6.1.3 深松

6.1.3.1 无深松基础的地块应进行深松,打破犁底层。有深松基础地块,每 3 年深松 1 次。

6.1.3.2 深松宜在伏季进行,秋耕土壤水分较充足仍可深松,但土壤水分较少的易旱地块,秋耕不易深松。

6.1.3.3 深松深度一般为 30 cm~35 cm,多年未深松,犁底层厚的地块,应逐年加深。

6.1.3.4 深松应交叉进行,不重不漏,松耙紧密结合。

6.1.4 耙地

6.1.4.1 耕翻、深松后应及时耙地。越冬前重耙 2 遍,耙深耙透,深度≥15 cm。早春轻耙 1 遍~2 遍,深度≥8 cm。

6.1.4.2 春耕耙茬,土壤水分适宜时,可松耙结合,墒情差只耙不松。

6.1.5 耢地

6.1.5.1 秋耢地以平地保墒为主,春季前期耢地以碎土平地为主,后期以保墒为主。

6.1.5.2 根据耢地目的和时机,选用相应农机具。

6.1.6 旋耕

有深松基础的玉米茬、高粱茬地号,在秋季可用旋耕机旋地 1 次~2 次,再起垄、镇压,也可以复式作业,一次完成。

6.1.7 整地质量要求

6.1.7.1 要求土壤疏松,土壤容重每立方厘米不能超过 1.3 g。整平耙细,土壤孔隙度 50%~60%。

6.1.7.2 土地平整,要求 10 m 宽幅高差不超过 3 cm。每平方米直径 3 cm~5 cm 的土块不超过 5 个。

6.1.8 起垄、镇压

6.1.8.1 秋起垄。作物收获后,采取耕翻、耙地、耢地、起垄、镇压,达到播种状态。根据种植方式选择不同垄距。

6.1.8.2 质量要求。起垄要直,百米内直线误差±4 cm,往复结合垄允许误差±3 cm;垄台压实后,垄沟到垄台的高度≥18 cm,误差±2 cm;地头整齐,差异≤30 cm。

6.1.8.3 镇压要紧实,垄台、垄体要均匀压实,不漏压、不拖堆。

6.2 玉米茬原垄卡种大豆栽培技术的整地

6.2.1 采用全秸秆地表还田免耕播种

播种前不需要进行整地,在原垄上直接播种大豆。

6.2.2 少耕地块

6.2.2.1 有条件的可以视土壤状况进行秋季垄沟深松30 cm～35 cm,要求打破犁底层,深浅一致,不漏松,不重松,不起大块。沙壤土地块不宜深松。

6.2.2.2 有深翻深松基础的玉米茬,灭茬机灭茬,达到待播状态。可封墒防止水分蒸发。

6.2.2.3 对紧实的土壤,还可在玉米收获后、结冻前,进行垄体深松。深松同时进行垄上除茬,然后垄体整形扶垄,搞好镇压,为卡种标准化打下基础。

7 播种

7.1 品种选择

选用经审定熟期适宜并在当地大面积推广或引种试种成功的优质、高产、抗逆性强的大豆品种。

7.1.1 根据栽培模式选择品种。

"三垄"栽培要选用植株高大繁茂、单株生产力高的品种。大垄密栽培要选用主茎或分枝收敛、秆强抗倒伏、抗逆性强的品种。

7.1.2 根据肥力和地势选择品种。

在土壤肥沃、雨水充沛地,平川地,排水良好的二洼地、江套地,选用喜肥水、秆强、抗倒伏的高产品种。在土壤肥力较差或干旱地区、岗地、贫瘠地,选用植株高大、生长繁茂、根系发达、抗旱、适应强的耐瘠薄品种。

7.1.3 易受渍涝影响地区应选择抗涝能力强的大豆品种。

7.1.4 根据市场需求选择品种,如高蛋白豆、高油豆、大粒豆、芽豆、高异黄酮豆等。

7.1.5 根据播期选择品种。

7.2 种子

7.2.1 种子购买

购买的大豆种子应符合GB 4402.2的要求。

7.2.2 种子精选

播种前应进行种子精选,以机械精选为主、人工粒选为辅,剔除破瓣、杂质、病粒、虫粒。所选种子粒型均匀一致。

7.2.3 种子包衣

播种前种子用种衣剂包衣,达到预防大豆根腐病、孢囊线虫病、地下害虫等病虫害的目的。包衣后经自然阴干后装袋存放,尽快播种。

7.3 播期

7.3.1 0 cm～5 cm土层内温度稳定通过7 ℃作为当地始播期。

7.3.2 在适播期内,根据品种类型、土壤墒情等条件确定具体播期。土壤墒情较差的地块,应当抢墒早播,播后及时镇压;对土壤墒情好的地块,应选定最佳播种期。

7.4 密度

7.4.1 大豆"三垄"栽培的播种密度 22.5 万株/hm²～30 万株/hm²，大豆大垄密栽培的播种密度 33 万株/hm²～38 万株/hm²，玉米茬原垄卡种大豆的播种密度 27 万株/hm²～33 万株/hm²。

7.4.2 整地质量好、肥力水平高的地块，密度降低 10%；整地质量差、肥力水平低的地块，密度增加 10%。

7.5 播种方法

7.5.1 大豆"三垄"栽培

双条精量点播，行距为 10 cm～15 cm，株距为 10 cm～14 cm。

7.5.2 大豆大垄密栽培

根据本地实际情况，因地制宜，采取不同行距，单条行距为 22.5 cm～35 cm。大垄中间行（1 行或 2 行）的株距要略大于两侧边行。

7.5.3 玉米茬原垄卡种大豆

垄距 65 cm～70 cm，双条精量点播，行距 10 cm～15 cm，株距 9 cm～12 cm；垄距 110 cm，3 条单苗带，苗带间距 22.5 cm～25 cm，为保证播种效果，播种时应避开玉米根茬。

7.6 镇压

根据土壤墒情及时、适时镇压，禁止湿压。

7.7 播种质量

覆土严密，镇压后播深 3 cm～5 cm。

8 施肥

8.1 施肥原则

8.1.1 测土配方施肥。

8.1.2 化肥与有机肥配合。

8.1.3 肥料使用应符合 NY/T 496 的要求。

8.2 施肥方法

8.2.1 每 667 m² 大豆施肥量：N 1.6 kg～6 kg、P$_2$O$_5$ 1.6 kg～6 kg、K$_2$O 1.0 kg～4.5 kg。

8.2.2 提倡分层施肥，基肥中氮占总施氮量的 2/3，磷全部基肥。种下 4 cm～7 cm 和 10 cm～14 cm 处。

8.2.3 密植栽培适当增加施肥量。

8.2.4 微量元素根据土测值施用，锌缺乏时施用硫酸锌，钼缺乏时施用钼酸铵，缺硼时可用硼酸。

8.2.5 可结合根瘤菌剂混合拌种，减少氮肥用量，提高结瘤效率。

8.2.6 叶面追肥：大豆初花期、盛花期、结荚鼓粒期叶面追肥，具体喷施时期和次数要根据田间长势合理选择。

9 田间管理

9.1 化学灭草

9.1.1 除草剂选择

选择安全、高效、环境友好、低毒、低残留的除草剂。

9.1.2 除草剂使用方法

9.1.2.1 除草剂使用以苗前土壤处理为主、苗后茎叶处理为辅。

9.1.2.2 根据杂草种类选择除草剂和合适的混用配方。

9.1.2.3 根据土壤质地、有机质含量、pH 和自然条件选择除草剂。

9.1.2.4 选择了除草剂还必须选择好的喷洒机械，配合好的施药技术。

9.1.2.5 采用 2 种以上的混合除草剂，同一地块不同年份间除草剂的配方最好交替使用。土壤墒情好，可采取土壤封闭处理灭草。春季干旱，土壤墒情差，提倡苗后茎叶处理。

9.1.2.6 喷药注意事项:药剂喷洒要均匀,坚持标准作业,不重,不漏。垄作苗带施药量应根据实喷面积计算。

9.2 中耕管理

9.2.1 在大豆出苗后第1次中耕,垄沟深松30 cm以上,大豆分枝期进行第2次中耕,垄沟留"活土",第3次中耕在大豆封垄前结合培土进行。

9.2.2 如果当年降雨天气多,无法在上述生育时期中耕,可在大豆出苗齐后至封垄之前土壤条件允许时中耕,根据情况,以不起黏条为宜,应达到3次。

9.2.3 在白浆土上为防止雨后土壤板结,可用小铧中耕1次。

9.2.4 大豆生育后期,在草籽形成前,及时人工拔除大草。

10 病虫害防治

10.1 药剂使用

符合 NY/T 1276 和 GB/T 8321 的要求。

10.2 根腐病防治

用35%多·福·克悬浮种衣剂拌种。防治疫霉根腐病用6.25%精甲·咯菌腈种衣剂拌种。

10.3 灰斑病防治

以选用抗病品种为主、药剂防治为辅。

10.4 菌核病防治

在大豆3片~4片复叶期喷药。可用40%菌核净可湿性粉剂加益护和米醋防治,7 d~10 d后再喷1次。

10.5 霜霉病防治

用药剂58%瑞毒霉锰锌防治,每7 d~10 d喷1次,共喷2次。

10.6 大豆蓟马防治

大豆苗后早期蓟马发生造成大豆心叶皱缩时,用2.5%高效氯氟氰菊酯乳油或70%吡虫啉可湿性粉剂进行防治。

10.7 蚜虫防治

百株蚜量达到1 000头,用2.5%高效氯氟氰菊酯乳油或70%吡虫啉可湿性粉剂进行防治。

10.8 红蜘蛛防治

早发现,早预防,点片发生时应及时防治。采用杀螨剂防治,加入喷液量1%的药笑宝、信德宝。

10.9 草地螟防治

在第1代幼虫始期,普查豆田和临草荒田的虫情,当每平方米有幼虫30头~50头时即应防治。用2.5%高效氯氟氰菊酯乳油或2.5%溴氰菊酯乳油等防治。

10.10 食心虫防治

在测报基础上,成虫盛发期用2.5%高效氯氟氰菊酯乳油等杀虫剂喷雾防治。

注:喷施病虫害防治药剂时,可加些助剂,和叶面肥一起喷施,促进药剂吸收、植株强身健体。

11 收获

11.1 收获时期

大豆籽粒归圆,呈本品种色泽,含水量14%~16%时,机械直收。

11.2 收获

11.2.1 收获:适时收获。

11.2.2 割茬:割茬高度以不留底荚为准。

11.2.3 完整:机械收获保证刀片锋利,人工收获刀要磨快,减少损失。

11.2.4 清洁:收获前,必须清除田间杂草,包括苗带及垄沟杂草,特别是龙葵等杂草,避免出现"草花脸"及"泥花脸",影响大豆外观品质。如果是种子田,一定在收获前要拔杂 1 次。下雨或有露水时不收获,应充分利用晴天地干时机,突击抢收,提高清洁度。

11.2.5 收割损失率小于 1%,脱粒损失率小于 2%,破损率小于 5%,"泥花脸"率小于 5%,清洁率 95%。

12 储藏

大豆籽粒储藏前如果水分偏大,应通风阴干,避免暴晒,使水分达标后入仓储藏。

13 生产档案建立

对应地号建立大豆生产档案,包括生产投入品采购、出入库、使用记录,农事、收获、储运记录。所有记录应真实、准确、规范,并可追溯。

参考文献

［1］GB 3100—1993 国际单位制及其应用

［2］GB 3101—1993 有关量、单位和符号的一般原则

［3］GB 3102—1993 空间和时间的量和单位

［4］DT23B 008—89 黑龙江垦区出口大豆生产技术

《北大荒大豆种植技术》编制说明

本文件编写组

一、任务来源

根据《北大荒农垦集团有限公司主要农作物种植标准体系制定工作思路》的要求,由北大荒农垦集团有限公司提出,黑龙江省农垦科学院农作物开发研究所、黑龙江农垦职业学院、北大荒农垦集团九三分公司、北大荒农垦集团北安分公司、北大荒农业股份八五二分公司、九三粮油工业集团有限公司共同参加,成立起草组,负责制定《北大荒大豆种植技术》企业标准。

二、制定标准的必要性和意义

大豆在北大荒农垦集团农业生产中居重要地位。近年来,北大荒农垦集团大豆种植面积约 1 000 万亩,占黑龙江省大豆种植面积的 1/5 左右。随着国家推进农业供给侧结构性改革的要求,农业农村部于 2019 年实施了大豆振兴计划。但要实现北大荒农垦集团大豆大面积高产、优质、高效除了政策扶持外,还需突破如下限制因素:一是生产中缺少配套栽培技术;二是很多大豆种植区种植技术不标准,如缺少"三区轮作"、种植密度不合理、无法做到分层施肥等;三是品种混杂,没有形成单品种大豆规模化种植,导致无法实现优质优价。

因此,北大荒农垦集团开展了一系列大豆品种绿色优质高效栽培技术的试验和示范,选配出了一批适宜黑龙江省的大豆种植技术,形成一套相适应的技术模式,解决了生产中的大豆种植技术难题。标准的制定,有利于新技术的示范和推广,有利于绿色优质高效栽培技术的应用,使良种良法与标准化、规模化种植相结合,充分发挥大豆固氮养地优势,减少化肥和农药使用量,恢复土壤地力、保护生态环境、促进种植业结构调整,实现大豆高产、优质、高效,也为实现大豆产业振兴提供了技术保证。

三、标准编制原则和范围

(一)标准制定原则

本文件在制定过程中遵循"科学性、实用性、统一性、规范性"的原则,标准的编写格式符合 GB/T 1.1—2020《标准化工作导则　第 1 部分:标准化文件的结构和起草规则》要求,在编写上综合考虑实际生产情况和用户的利益。

(二)标准制定范围

本文件规定了大豆种植的术语和定义、选地、轮作、整地、播种、施肥、田间管理、病虫害防治、收获、储藏、生产档案建立。

本文件适用于北大荒农垦集团有限公司域内所有生产地区,不论其规模大小。

四、标准编制工作过程

按照项目要求,项目主持单位积极组织技术骨干成立标准起草工作组,研究和制订了标准编制工作方案,并按照企业标准修订要求展开标准制定工作,严格按照 GB/T 1.1—2020 的规定制定标准。

(一)调研、收集阶段

2019 年 3 月至 2020 年 3 月,开展黑龙江省整个大豆行业种植技术的调研、讨论,收集相关国家标准、行业标准、地方标准,为标准起草做准备。

(二)成立标准起草工作组,制订工作方案,撰写标准征求意见初稿

2020 年 4~7 月,联合协作单位,组织技术骨干成立标准起草工作组。工作组成员均有较丰富的专业知识和实践经验,熟悉业务,了解标准化工作的相关规定并具有较强的文字表达能力。项目主持人制订工作计划,明确内部分工及进度要求,责任落实到人。与技术人员交流,重点关注生产和推广应用中的主要

问题,起草了标准征求意见初稿。

(三)讨论、发放征求意见稿并汇总,完善标准送审稿

2020 年 8 月至 10 月上旬,标准起草组本着科学、严谨的态度,进行 4 次修改和讨论,形成标准征求意见稿,向北大荒农垦集团有限公司主要领导、9 个北大荒集团有限公司分公司农业发展部、18 个农场、黑龙江北大荒农业股份有限公司生产技术部及 8 个分公司等农业生产部门和九三粮油工业集团有限公司、北大荒马铃薯集团等生产企业共 50 余家,全面广泛进行意见征求工作。截至 2020 年 10 月初,收到 15 人反馈的 56 条意见和建议,形成征求意见汇总表。于 2020 年 10 月 12 日完成了标准送审稿,同期完成了标准编制说明等全套送审材料。

(四)参加标准审定会,完成校准报批稿

北大荒农垦集团有限公司于 2020 年 10 月 15 日召开标准审定会,全体参会委员对标准送审稿及其相关材料进行全面审查,提出修改意见和建议,评审结论为一致通过并同意按此意见修改后上报审批。

会后,标准起草组按照专家提出的意见和建议对标准送审稿进行了认真细致的修改,并于 2020 年 10 月 25 日完成了标准的报批稿。

五、标准主要起草人及其任务分工

本文件主要起草人有 11 人:杨宝龙、蒋红鑫、宋晓慧、董桂军、佟启玉、王德亮、张代平、吕彦学、迟宏伟、赵洪利、史永革。

由蒋红鑫、宋晓慧、王德亮、张代平负责标准相关资料的收集、整理,编写标准稿、标准编制说明等材料的编写工作。

由杨宝龙、董桂军、佟启玉负责标准起草组的整体协调,技术指标验证与标准内容的修改研讨工作。

由吕彦学、迟宏伟、赵洪利、史永革负责标准技术指标验证,参与标准内容的修改研讨及定稿工作。

六、标准编制主要内容及技术指标

(一)标准编制主要内容

主要对大豆种植技术标准范围、规范性引用文件、术语和定义、选地、轮作、整地、播种、施肥、田间管理、病虫害防治、收获、储藏、生产建档建立进行了详细规定。

(二)主要参考标准及技术资料

本文件在制定过程中,参考了以下标准的内容:

GB 4402.2—2010　农作物种子质量标准　豆类

GB/T 3543.4　农作物种子检验规程

DT23B 008—89　黑龙江垦区出口大豆生产技术

GB/T 8321(所有部分)　农药合理使用准则

NY/T 495　东北地区大豆生产技术规程

NY/T 496　肥料合理使用准则　通则

NY/T 1276—2007　农药安全使用规范　总则

(三)主要技术指标

1. 不同栽培模式的选择　低洼、易涝地采用大豆"三垄"栽培技术。岗地、排水较好的平川地采用大豆大垄密栽培技术。在前茬为玉米茬,垄型保持较好,气候较干旱地区采用玉米茬原垄卡种大豆栽培技术。

2. 合理轮作　采用三区轮作,如"玉-玉-豆""麦-玉-豆""玉-杂-豆",避免重迎茬。

3. 整地　要求土壤疏松,土壤硬度和容重每立方厘米不能超过 21 kg 和 1.3 g。土壤孔隙度 50%～60%,土地平整,要求 10 m 宽幅高差不超过 3 cm。每平方米直径 3 cm～5 cm 的土块不超过 5 个。秋起垄,百米内直线误差±4 cm,往复结合垄允许误差±3 cm;垄台压实后,垄沟到垄台的高度≥18 cm,误差±2 cm;地头整齐,差异≤30 cm。玉米茬原垄卡种大豆栽培技术播种前不需要进行整地,在原垄上直接播种大豆。

4. 播种

(1)选用经审定熟期适宜并在当地大面积推广或引种试种成功的优质、高产、抗逆性强的大豆品种。

购买的大豆种子应符合《农作物种子质量标准》(GB 4402.2)。播种前种子用种衣剂包衣,达到预防大豆根腐病、孢囊线虫病、地下害虫等病虫害的目的。包衣后经自然阴干后装袋存放,尽快播种。当 0 cm～5 cm 土层内温度稳定通过 7 ℃作为当地始播期。

(2)"三垄"栽培的播种密度 22.5 万株/hm²～30 万株/hm²,行距为 10 cm～15 cm,株距为 10 cm～14 cm。大垄密栽培的播种密度 33 万株/hm²～38 万株/hm²,单条行距为 22.5 cm～35 cm。大垄中间行(1 行或 2 行)的株距要略大于两侧边行。玉米原垄卡种大豆的播种密度 27 万株/hm²～33 万株/hm²。垄距 65 cm～70 cm,双条精量点播,行距 10 cm～15 cm,株距 9 cm～12 cm;垄距 110 cm,3 条单苗带,苗带间距 22.5 cm～25 cm,为保证播种效果播种时应避开玉米根茬。镇压后播深 3 cm～5 cm。整地质量好、肥力水平高的地块,密度降低 10%;整地质量差、肥力水平低的地块,密度增加 10%。

5. 施肥 测土配方施肥。化肥与有机肥配合。每 667 m² 大豆施肥量 N 1.6 kg～6 kg,P₂O₅ 1.6 kg～6 kg,K₂O 1.0 kg～4.5 kg。提倡分层施肥,基肥中氮占总施氮量的 2/3,磷全部基肥。种下 4 cm～7 cm 和 10 cm～14 cm 处。密植栽培适当增加施肥量。微量元素根据土测值施用。在大豆初花期、盛花期、结荚鼓粒期叶面追肥,具体喷施时期和次数要根据田间长势合理选择。

6. 田间管理 选择安全、高效、环境友好、低毒、低残留的除草剂。除草剂使用以苗前土壤处理为主、苗后茎叶处理为辅。

7. 中耕管理 在大豆出苗后第 1 次中耕,垄沟深松 30 cm 以上,大豆分枝期进行第 2 次中耕,第 3 次中耕在大豆封垄前结合培土进行。

8. 病虫害防治 药剂使用要符合 NY/T 1276 和 GB/T 8321 的要求。在测报的基础上坚持预防为主、综合防治的措施。

9. 收获 大豆籽粒归圆,呈本品种色泽,含水量 14%～16%时适时收获,割茬高度以不留底荚为准。收割损失率小于 1%,脱粒损失率小于 2%,破损率小于 5%,"泥花脸"率小于 5%,清洁率 95%。

10. 储藏 大豆籽粒储藏前如果水分偏大,应通风阴干避免暴晒,使水分达标后入仓储藏。

11. 生产档案建立 对应地号建立大豆生产档案,包括生产投入品采购、出入库、使用记录、农事、收获、储运记录。所有记录应真实、准确、规范,并可追溯。

七、采用国际先进标准的程度,以及与国际同类标准水平的对比情况

本文件为首次自主制定,不涉及国际标准采标情况。

八、与有关的现行法律、法规和强制性国家标准的关系

本文件在制定过程中,参考了《中华人民共和国专利法》《中华人民共和国著作权法》《中华人民共和国行政许可法》《中华人民共和国认证认可条例》等国家现行法律、法规、规章和强制性国家标准的要求,本文件尽量保证与国家、行业相关法律、法规、规章和强制性国家标准相一致。

九、重大分歧意见的处理经过和依据

无重大分歧。

十、征求意见处理情况

起草组成员积极深入大豆主产区进行实地考察调研,结合生产上的主要问题,制定《北大荒大豆种植技术》征求意见初稿,并形成标准征求意见稿。2020 年 9 月,将标准征求意见发给 50 余家北大荒农垦集团有限公司及分公司、黑龙江北大荒农业股份有限公司及分公司、生产企业。截至 2020 年 10 月初,收到 15 人反馈的 55 条建议和意见,形成征求意见汇总表。

十一、其他应予说明的事项

无其他应说明事项。

附表 《北大荒大豆种植技术》(Q/BDHZZ 0002—2020)征求意见汇总表

附表 《北大荒大豆种植技术》(Q/BDHZZ 0002—2020)征求意见汇总表

反馈意见序号	单位	章节	相应意见	姓名	是否采纳
1	北大荒农垦集团宝泉岭分公司农业发展部	4.3.3	土壤较干旱地区改为气候较干旱,下一句改为土壤黏重排水性能差的地块要慎重选择。不能采用像旋耕等作业,把像去掉	李永波	是
2		9.1.2.5	采用2种以上的除草剂混合使用		是
3		10.4	第二句话可以去掉		是
4		10.8	阿维柴油乳油是否符合环保要求		合理使用范围内符合环保要求,已修改
5		10.1	桃小灵乳油有效成分是什么?		采纳,已删除改配方
6		4.1.2	秸秆长度10 cm以下	梁琦	是
7		6.1.4.1	越冬前重耙		是
8		6.1.7.1	孔隙度单位:%		是
9		9.1.2.5	1)后面没有后续了,可以去掉		是
10		11.2.2	割茬也要看地势,是否会产生泥花脸		否,和地势无关
11		11.2.5	收割损失率应该是个范围,如小于1%		是
12	军川农场有限公司	3.3	在上茬为玉米垄作基础上采用少耕或免耕的种植方式(并配套)与其相适应的栽培技术	陈龙	否,表述意思是一致的
13		6.1.4.1	耕翻、深松后应及时耙地。越冬前重耙(耙)2遍,耙深耙(耙)透		是
14		10.2.	100 kg种子用35%多·福·克悬(克百威属于高毒限用农药,不符合绿色生产理念)		否,不是在绿色食品大豆生产中广泛开展应用,国家允许在大豆使用
15	北兴农场	5.2	均匀抛撒于田间,坡度较小的地块采取翻压入土壤还田或深松联合整地浅混土还田,对于坡度较大存在水蚀或风蚀地块采取秸秆覆盖还田并进行条带深松或条带旋耕等耕作模式结合保护性耕作措施实现秸秆还田	段连臣	否,不具备普遍性
16	北大荒农垦集团建三江分公司七星农场	6.1.3.3	深松深度30 cm～35 cm	高边疆	是
17		6.1.8.2	质量要求。百米内直线误差不超过20 cm,改为不超过3 cm		是,根据现有农机作业标准改为±3 cm
18		13	生产档案,对应地号建立大豆生产档案		是
19	八五○农场	3.1	原:在行距65 cm～70 cm垄上开展以垄底垄沟深松,垄体分层深施肥,垄上双条精量播种为核心技术的种植方式。修改为:在行距65 cm～70 cm垄上开展以垄体垄沟深松,垄体分层深施肥,垄上双条精量播种为核心技术的种植方式	尚坤	是
20		3.2	原:行距110 cm或130 cm垄作种植方式与其相适应的栽培技术,110 cm垄上种植2行或3行单条苗带,130 cm垄上种植3行或4行单条苗带。修改为:行距110 cm或130 cm垄作种植方式与其相适应的栽培技术,110 cm垄上种植2行或3行单条苗带,130 cm垄上种植3行或4行单条苗带,精量点播		是

反馈意见序号	单位	章节	相应意见	姓名	是否采纳
21		6.1.2	原:耕翻深度以不打乱耕作层为限。伏翻宜深,秋翻宜浅。有深松配合宜浅,无深松配合宜深。耕翻三区套耕,复式作业,不起大块,不出明条,翻伐整齐严密,不重不漏,耕幅、耕深一致。修改为:耕翻深度以不打乱耕作层为限。伏翻宜深,秋翻宜浅。有深松配合宜浅,无深松配合宜深。耕翻三区套耕,复式作业,不起大块,不出明条,翻垡整齐严密,不重不漏,耕幅、耕深一致		是
22		9.1.2.5	"1)"和"化学灭草"去掉		是
23		9.1.2.5	建议是"土壤墒情好不好大豆都应以封闭为主,否则恶性杂草苗后治不住。"		否,墒情不好大豆用封闭灭草,加重药害
24		10.3	灰斑病防治"当30%以上大豆植株叶片出现灰斑时,建议修改为在大豆没出现病斑以前预防;甲托和多菌灵太老了,一些病菌抗性起来了,建议"推荐吡唑醚菌酯＋三唑类药剂防治。"		否,以选用抗病品种为主、药剂防治为辅
25	八五五农场	10.6	大豆蓟马防治中"5％锐劲特"已被国家禁止,建议更换药剂	李新磊	是
26		10.7	蚜虫防治中高效氯氟氰菊酯对蚜虫无效,建议换个药剂		否,高效氯氟氰菊酯对蚜虫防治有效
27		10.8	红蜘蛛防治中毒死蜱对红蜘蛛效果非常不好,不建议推荐使用		是
28		10.10	食心虫防治第二段,字号太小了,调高字号与前面一致		否,该部分内容为注解
29		4.3.3	建议去掉"像""等"字样		是
30		5	建议去掉"与倒茬"		是
31	北大荒农垦集团北安分公司	5.1	建议加上"或两区轮作",玉-豆轮作;避免重迎茬改为降低重迎茬危害	迟宏伟	否,迎茬加重病害
32		5.2	建议在翻压入土壤处加上"或混拌"		否
33		6.1.6	建议不推荐旋耕作业		否,不具备普遍性
34		6.1.8.2	建议去掉"误差不超过2 cm",与前述矛盾		否,与前者不是同一内容
35		6.1.8.3	建议去掉"垄沟"		是
36	二龙山农场	4.3.2	收获株数上,110 cm大垄可扩大到35万株	朱延平	否,东西部差异较大,密度大易发生倒伏,病虫害加重
37		10.4	菌核病防治中"康凯"改为"益护"或"碧护"		是
38	北大荒农垦集团九三分公司	10.7	蚜虫防治中2.5％高效氯氟氰菊酯225 mL/hm²改为225 mL/hm²～300 mL/hm²	张盛楠	否,药剂商品种类多,药剂用量不同,所以不给具体用量
39		13	生产档案"水稻"改为"大豆"		是
40	七星泡农场	第6页	原文:10.2根腐病防治,100 kg种子用35％多·福·克悬浮种衣剂1 500 mL拌种。修改为:10.2根腐病防治,100 kg种子用35％多·福·克悬浮种衣剂1 000 mL～1 500 mL拌种	张盛楠	否,降低用药量导致防治效果不理想
41		4.3.2	建议修改为根据品种差异,公顷收获株数掌握在30万株～35万株		是
42	克山农场	5.1	建议添加玉-薯-豆三区轮作模式	赵冬梅	否,不具备普遍性
43		7.4.1	建议修改为大垄密栽培的播种密度33万株/hm²～38万株/hm²		是

（续）

反馈意见序号	单位	章节	相应意见	姓名	是否采纳
44	北大荒农垦集团绥化分公司	3.2	建议将110 cm垄上种植2行删除	朱镇	否，西部局已经存在该模式
45		7.3.1	建议将0 cm～5 cm改为5 cm		否，根据播种深度3 cm～5 cm而定
46		9.1.1.1	建议列出混用配方		否，可根据实际情况合理选择药剂
47	北大荒农垦集团哈尔滨分公司	7.3.1	土层温度是否应改成10℃	孟宪杰	否，7℃为合理温度下限
48		13	生产档案中是否应将"水稻"改成"大豆"		是
49		6.1.3.3	30 cm后是否应加上"以上"		是
50		11.2.5	破损率是否应改成3％，泥花脸率是否应改成3％		否，可操作性不强
51	北大荒农业股份公司		水稻、大豆、玉米种子质量标准采用国家标准是否低？垦区已经采用精量和精准播种了，是否应该有自己企业用种标准？	辛明强	否，种子企业执行国家标准
52			是否加入播后深松放寒技术措施？		否，不具备普遍性
53		6.1.8.2	质量要求。百米内直线误差不超过20 cm，改为不超过3 cm		是，根据现有农机作业标准改为±3 cm
54		13	对应地号建立水稻生产档案改为大豆		是
55	北大荒农垦集团九三油脂分公司		九三油脂对标准无修改意见。但针对大豆基地如何更好地对接企业需求，如何使基地的产品更能满足专用性需求，以促进大豆种植价值和企业产品品质提升等方面有如下建议： 1. 建议建立产业联盟，种植基地、企业和科研所等为主要成员，形成联动，研究影响不同大豆加工产品品质、得率等关键指标，通过企业历史生产数据分析，筛选不同大豆产品加工企业所需的专用品种，让企业和种植基地双赢，企业使用专用大豆可以提高产品品质和得率，提升利润，种植基地提高收入 2. 根据基地历史数据，包括产量、理化指标等分析，划分区域种植不同大豆加工产品所需的专用品种，提高种植基地收入。①专项分析1：品种分析。以豆制品大豆为例，2019—2020年九三集团北豆公司为了更好掌握大豆品种蛋白和水溶性蛋白情况，与多个种子公司沟通协调了20余个大豆品种进行检测。经检测结果显示，较适合豆制品生产使用大豆如下：金豆28、黑农54、宾豆1号（林甸）、东升77号、绥无腥豆2号（集贤县）、垦丰20、垦丰1152、黑农48等，在今后的工作中，九三集团北豆公司在大豆品种研究上将继续深入，并建议对适宜的品种采购一定量大豆进行上机试验，掌握实际生产数据，为今后确定豆制品专用品种奠定数据基础，对基地内不同品种及不同用途提出科学指导意见。②专项分析2：产地分析。以豆制品大豆为例，北豆公司分别对逊克县、北安市、嫩江县、孙吴县、林甸县的垦丰1152大豆进行了生产数据分析，其中孙吴县的此品种产品干基蛋白和水溶性蛋白与逊克县和北安市的比较，粗蛋白和水溶性蛋白偏低，生产率略低。因此，建议对同一品种的种植地域进行科学明确规范，以使地块、积温、品种更好匹配	李运美	是

ICS 65.020.01
CCS B 05

北大荒农垦集团有限公司企业标准

Q/BDHZZ 0003—2020

北大荒玉米种植技术

2020-10-25 发布 2021-01-01 实施

北大荒农垦集团有限公司 发布

前　言

本文件按照 GB/T 1.1—2020《标准化工作导则　第 1 部分:标准化文件的结构和起草规则》的规定起草。

本文件由北大荒农垦集团有限公司提出并归口。

本文件起草单位:北大荒农垦集团有限公司、黑龙江省农垦科学院农作物开发研究所、黑龙江农垦职业学院、北大荒农垦集团有限公司军川农场有限公司、黑龙江北大荒农业股份有限公司八五二分公司、北大荒农垦集团有限公司牡丹江分公司。

实施单位:北大荒农垦集团有限公司。

本文件主要起草人:郭宝松、李庭锋、戴志铖、佟启玉、王平、关成宏、张海刚、孙伟海、赵洪利、刘慧迪。

北大荒玉米种植技术

1 范围

本文件规定了北大荒农垦集团有限公司玉米生产中播前准备、播种、施肥、病虫害防治、田间管理、收获、晾晒与储藏、秋整地、生产废弃物处理、生产档案建立。

本文件适用于北大荒农垦集团有限公司玉米全程机械化种植。

2 规范性引用文件

下列文件中的内容通过文中的规范性引用而构成本文件必不可少的条款。其中,注日期的引用文件,仅该日期对应的版本适用于本文件;不注日期的引用文件,其最新版本(包括所有的修改单)适用于本文件。

GB/T 3543.4 农作物种子检验规程 发芽试验

GB 4404.1 粮食作物种子 第1部分:禾谷类

GB/T 8321(所有部分) 农药合理使用准则

GB/T 21017 玉米干燥技术规范

GB/T 21962 玉米收获机械 技术条件

GB/T 23391.3 玉米大、小斑病和玉米螟防治技术规范 第3部分:玉米螟

NY/T 1355 玉米收获机 作业质量

3 播前准备

3.1 选地

选择地势平坦、排水良好的地块。明确前茬作物种类及用药情况,防止长残效农药导致药害发生。以豆茬为首选,优先实行玉-玉-豆轮作耕作制度。

3.2 农资准备

根据土壤类型、测土配方、品种抗病虫水平以及地块病虫草害情况,选择肥料和药剂种类、数量等。购买后注意在通风干燥处存放。

3.3 品种选择

3.3.1 选择原则

选择通过国家或黑龙江省审定(或备案),具有高产、稳产、耐密、抗逆性强、宜机收的优良玉米品种。品种≥10 ℃活动积温应比当地少150 ℃~200 ℃,种子质量应符合GB 4404.1的要求。

3.3.2 种子处理

3.3.2.1 分级处理

籽粒大小不一的种子应进行分级处理,分为大、中、小粒3级,并分别进行发芽试验,依大、中、小分别播种。

3.3.2.2 种子包衣

根据地块病虫害种类和发生程度选择适合的种衣剂包衣。主要预防茎基腐病、穗腐病、丝黑穗病、地下害虫等。

3.3.2.3 晒种

种子包衣前选择晴好天气晾晒1 d~2 d。

3.3.3 发芽试验

播种前15 d应进行种子发芽试验,具体操作应符合GB/T 3543.4的要求。机械精量播种发芽势≥

90％,发芽率≥95％。

4 播种

4.1 播期条件

土壤相对湿度(即土壤含水率占田间持水量的百分比)为70％左右,硬粒型种子在5 cm耕层温度稳定通过5 ℃时开始播种,粉质型种子在5 cm耕层温度稳定通过7 ℃时开始播种。

4.2 播种密度

严格按照所选品种农艺要求确定播种密度。机械精量播种按公式(1)计算。

$$y = \frac{10\ 000}{r/k \times N/x} \quad\cdots\cdots\cdots\cdots\cdots\cdots\cdots\cdots\cdots\cdots\cdots\cdots \quad (1)$$

式中:

y —— 播种粒距,即垄上两个玉米苗之间的平均距离,单位为米(m);

r —— 垄距,即两条垄间的平均距离,单位为米(m);

k —— 垄上行数,即每条垄上种植的玉米平均行数,单位为行;

N —— 公顷保苗数,即每公顷实际出苗数,单位为株;

x —— 种子发芽率,即在规定的条件和时间内长成的正常幼苗数占供检种子数的百分率,单位为百分号(％)。

4.3 播种方法和质量

播种选用带有窄轮胎拖拉机,配置大垄精量播种机垄上两行播种,作业速度6 km/h～8 km/h。播种期宜早不宜迟,根据土壤类型、墒情、天气,确定播种深度为镇压后3 cm～5 cm,播深一致,到头到边。

5 施肥

5.1 施肥量

化肥施肥量纯氮(N)100 kg/hm²～270 kg/hm²,纯磷(P_2O_5)60 kg/hm²～135 kg/hm²,纯钾(K_2O)30 kg/hm²～120 kg/hm²。根据土壤基础肥力和预期产量调整施肥量,高肥力地块应选择低肥量,低肥力地块选择高肥量。可根据报酬递减规律,确定最大产量施肥量和经济施肥量。缺锌地块,可基施硫酸锌15 kg/hm²。

5.2 底(基)肥

起垄时施底(基)肥,包括全部有机肥、化肥中30％氮肥、80％磷肥和100％钾肥,施肥深度16 cm～20 cm。

5.3 种肥

播种时施种肥,将10％～20％氮肥、20％磷肥施于种侧5 cm,深度10 cm～12 cm。

5.4 追肥

玉米叶龄指数30％左右(拔节期),结合中耕培土,将50％～60％氮肥施于株侧15 cm～20 cm,深度10 cm～12 cm,覆土厚度6 cm以上。

5.5 叶面肥

通过测土配方施肥建立微量元素养分丰缺指标,指导硼肥、锌肥、钼肥等进行叶面肥喷施。喇叭口期结合病虫害防治,采用高地隙喷药机或飞机航化喷施微量元素等叶面肥。玉米散粉前后、灌浆期喷施磷酸二氢钾1次～2次,促进早熟。

6 病虫害防治

6.1 防治原则

贯彻"预防为主,综合防治"的植保方针,优先选用抗耐病虫品种,强化种子处理,加强中耕铲蹚,科学

合理施肥,突出生物、物理等绿色防控技术应用,推进专业化统防统治,保护田间生态。农药使用应符合GB/T 8321的要求。

6.2 主要病害防治

6.2.1 丝黑穗病

选用抗病品种,可用含有戊唑醇等成分的种衣剂包衣处理。

6.2.2 根腐病、茎腐病

选用抗病品种,加强栽培管理。可用含有咯菌腈＋精甲霜灵或苯醚甲环唑、吡唑醚菌酯等成分的种衣剂包衣处理。

6.2.3 叶斑病

主要包括大斑病、小斑病、北方炭疽病、弯孢菌叶斑病等。出现少量病斑时及时防治,可选用生物制剂嘧啶核苷类抗菌素或枯草芽孢杆菌与戊唑醇或咪鲜胺混用,或使用吡唑醚菌酯、苯醚甲环唑、醚菌酯、丙环唑等药剂单用或混用,或使用丙环唑·嘧菌酯、丙环唑·苯醚甲环唑、肟菌·戊唑醇等混剂。喷洒药剂时,可加入芸薹素内酯,以促进植株生长,提高防控效果。

6.2.4 玉米瘤黑粉病

合理轮作,选择抗病品种,选用含戊唑醇或咯菌腈成分的药剂拌种。

6.2.5 玉米穗腐病

选用抗病品种,合理密植,注意防治玉米螟、双斑萤叶甲等虫害。大喇叭口期,用40％氯虫·噻虫嗪水分散粒剂和丙环唑＋嘧菌酯混合喷施。

6.3 主要虫害防治

6.3.1 地下害虫

可用含有噻虫嗪、溴氰虫酰胺或丁硫克百威成分的种衣剂进行种子包衣。金针虫、蛴螬发生严重地块可用辛硫磷或毒死蜱颗粒剂随种肥施用。防治地老虎,可设置糖醋酒盆诱杀成虫;当田间点片危害时,可人工拨土捕捉,消灭幼虫;或割青草间隔5 m堆成堆,在堆底喷洒300倍液80％敌敌畏诱杀幼虫。

6.3.2 灰飞虱、白背飞虱等

可选用25％吡蚜酮可湿性粉剂等按药剂说明进行防治。

6.3.3 玉米螟

防治按照GB/T 23391.3的规定执行。

6.3.4 黏虫

每百株有10头应开始防治。可用2.5％高效氯氟氰菊酯乳油、20％氯氟苯甲酰胺悬浮剂、30％乙酰甲胺磷乳油、100亿孢子/mL短稳杆菌等药剂按使用说明喷雾防治。如果虫龄达到5龄期～6龄期时,可用25％氰·辛乳油、50％辛硫磷乳油等按使用说明喷施。

6.3.5 蚜虫

当田间蚜量达到100头/株以上,或植株出现蚜虫聚集情况时,可选20％吡虫啉可湿性粉剂、20％啶虫脒可湿性粉剂等按使用说明,利用自走式高秆作物喷雾机田间喷雾防治。

6.3.6 双斑萤叶甲

当百株虫量达500头(抽雄、吐丝期百株虫量300头)时,可选用20％氰戊菊酯乳油、2.5％高效氯氟氰菊酯等按药剂说明,喷施在花丝和上部叶片周围进行连片防治。

7 田间管理

7.1 播后管理(播种至出苗)

7.1.1 镇压

根据土壤墒情及时镇压,禁止湿压。镇压作业速度为5 km/h～6 km/h。

7.1.2 苗前封闭除草

播种镇压后及时进行土壤封闭除草处理。防治禾本科杂草主要选用莠去津系列、乙草胺系列和异丙甲草胺系列除草剂;防治阔叶杂草主要选用嗪草酮、噻吩磺隆、唑嘧磺草胺等;根据土壤质地、墒情、有机质含量和杂草种类确定药量,合剂常用的配方为异丙甲草胺＋莠去津＋噻吩磺隆(或嗪草酮、唑嘧磺草胺),按照产品说明书使用。

7.2 苗期管理(出苗期至拔节期)

7.2.1 第1遍中耕

根据生产现状,在播种后至玉米1展叶期进行第1遍中耕(深松),深度30 cm～35 cm。长期低温时应提早中耕。

7.2.2 苗后茎叶除草

最佳施药期在玉米2展叶期～3展叶期。根据气象条件、杂草种群、杂草大小确定配方和用药量。防治禾本科杂草的有莠去津、烟嘧磺隆、异丙草胺;防治阔叶杂草的有硝磺草酮、辛酰溴苯腈、氯氟吡氧乙酸、苯唑草酮等。合剂常用的配方有莠去津＋烟嘧磺隆＋硝磺草酮,按照产品说明书使用。在气候干旱环境下,应添加植物油型等桶混助剂,提高除草效果。

7.2.3 第二遍中耕

根据土壤、气候条件,在玉米3展叶期时选择性进行第2遍中耕,要求前杆尺、后犁铧,杆尺深松30 cm,犁铧浅覆土,不铲苗、不压苗、不偏墒、不损伤根系。

7.3 穗期管理(拔节期至抽雄期)

7.3.1 第3遍中耕与追肥

拔节后封垄前结合追肥进行第3遍中耕。追肥详见5.4。

7.3.2 化学调控

7.3.2.1 化控条件

品种抗倒能力差、生长过旺地块应采取化控防倒措施。

7.3.2.2 化控方法

根据药剂特点、施用时期分为前期化控和后期化控。前期化控在叶龄指数45％(小喇叭口期)左右,后期化控在叶龄指数60％(大喇叭口期)左右。根据生产实际情况选择化控时期,选用已获得农药登记的植物生长调节剂按照药剂说明进行叶面喷施。

7.4 花粒期管理(抽雄至成熟)

主要进行喷施叶面肥促早熟、病虫害防治作业。叶面肥喷施详见5.5,病虫害防治详见6.2和6.3。

7.5 排水

暴雨或持续降雨会产生地表积水,当地表积水超过3 cm需要及时排水。

8 收获

8.1 收获条件

籽粒含水量降至33％以下时可采用机械摘穗收获,待籽粒含水量降至25％以下时,可用机械脱粒;当籽粒含水量降至25％以下时,可采用机械籽粒直收。

8.2 收获方法和质量

采用配套秸秆粉碎装置的自走式玉米收获机进行果穗收获或籽粒直收。收获机械性能和作业质量应符合GB/T 21962、NY/T 1355的要求。

9 晾晒与储藏

籽粒收获后,采用玉米烘干机进行降水处理,烘干时的技术要求和烘干产品质量应符合GB/T 21017的要求。当籽粒含水量降至14％以下时可入仓储藏,放在通风干燥处,注意雨水及生物危害。

10 秋整地

10.1 主要整地模式

10.1.1 玉米秸秆翻埋还田

a) 技术路线:秸秆粉碎抛撒→秸秆翻埋→耙地→起垄施肥镇压。

b) 适宜降水相对充足、积温适宜、土壤耕层深厚、玉米产量较高但秸秆利用率低的中东部、中南部和西部部分地区。土壤层为黄土、沙石等耕层浅薄地区慎用。

10.1.2 玉米秸秆碎混还田

a) 技术路线:秸秆粉碎抛撒→耙地(联合耕整地)→起垄施肥镇压。

b) 适宜有效积温低、无霜期短、玉米产量不高且秸秆利用率低的西北部地区。土壤层为黄土、沙石等耕层浅薄地区慎用。

10.1.3 玉米秸秆覆盖还田

a) 技术路线:秸秆粉碎抛撒。

b) 适宜活动积温高、风沙大、降水不足、土壤瘠薄的干旱半干旱地区。

10.2 作业方法及标准

10.2.1 秸秆粉碎抛撒

收获后留茬高度≥20 cm时应进行灭茬作业。选用120马力*～240马力拖拉机,配套灭茬机和垄沟秸秆处理装置,根据秸秆含水量适时打茬,严禁潮湿作业,作业速度≤6 km/h。作业后,秸秆长度≤8 cm,秸秆留茬高度≤3 cm,垄上灭茬率≥95％,垄沟灭茬率≥80％,无漏打,到头到边,不拖堆,抛洒均匀。地头要横向灭茬,避免翻埋地头拖堆。

10.2.2 秸秆翻埋

应在封冻前10 d完成,遇特殊年份,封冻前完成。选用载有卫星导航的≥200马力拖拉机,配套有副铧的翻转犁。当地表秸秆、残茬较多时,可配套大间距(1.2 m)翻转犁。作业时配套小副铧,耕深为主铧1/2,在地块长边一侧进行打垄,进行梭形作业。翻深25 cm～30 cm,以打破犁底层不出生土层为准,耕深一致,误差±1.5 cm。翻埋后不拖堆,扣垡和埋茬严密,地表平整,立垡与回垡率之和≤5％,秸秆、残茬掩埋率≥90％,耕垡笔直,百米直线度＜±4 cm,耕幅误差±2 cm,垂直耕幅10 m长度范围内地表平整度≤10 cm,不重不漏,翻到头,翻到边,无三角区,无斜扭,重耕率≤2％,地头横耕整齐。

10.2.3 耙地

选用180马力～240马力拖拉机,配有卫星导航,牵引偏置式液压耙或动力驱动耙,配套轻型耢子或碎土辊,进行复式作业。应根据土壤状况选择适宜的耙地机具,轻型耙(前后圆盘)耙深10 cm～12 cm,中型耙(前缺口后圆盘)耙深12 cm～15 cm,重型耙(前缺口)耙深16 cm～20 cm,相邻耙组间耙深误差±1 cm。耙地适墒适时,地表有干土层,以不粘耙、不出土块为准,严禁湿耙。作业时地轮升起,耙架呈水平状态,两幅重叠为10 cm～15 cm,作业速度≤8 km/h,做到耙深一致、耙透耙碎。耙后要求地表平整,表土疏松,土壤细碎,不重耙、不漏耙、不拖堆,10 m内高低差≤10 cm,重耙后1 m²内直径10 cm土块≤5块,中轻耙后1 m²内直径5 cm土块≤5块。土壤湿度较大时会出现明垡片,第1遍耙地可选用缺口重耙,作业后必须等到地块表土见干才可进行第2遍耙地作业。第2遍耙地可选用中型耙,与第1遍交叉行走。翻地出现明垡片不能耙碎的地块,可选用动力驱动耙,在土壤水分适宜时,进行碎土作业,可与翻地行走方向相同,耙深≥15 cm。

10.2.4 联合耕整地

在土壤水分适宜条件下作业,严禁湿整地。选用≥300马力拖拉机,配有卫星导航,配备联合整地机和碎土辊。入堑方向与上次深松作业方向交叉,与播种作业方向有一定夹角,一般为10°～15°,严禁顺播种方向整地。深松深度以打破底层为原则,深度适宜,主杆齿深度≥35 cm,副杆齿深度≥20 cm,同种杆

---

* 马力为非法定计量单位,1马力≈743kJ。

齿深度一致,误差±2 cm。各工作部件间距合理,误差±1 cm。灭茬耙组工作深度10 cm～12 cm,合墒器工作深度7 cm～8 cm。作业后地表平整,不拖堆、不出沟、不起楞,10 m内高低差±5 cm,土壤细碎,上实下塇,地头起落整齐、松向直、不漏松、松到头、松到边,百米直线度±5 cm,往复结合垄误差±5 cm。

10.2.5 起垄施肥镇压

选用120马力～240马力拖拉机,配套卫星导航,选用1.1 m、1.3 m或1.36 m大垄起垄机,配有大垄整形器、施肥器、镇压装置,垄沟有深松杆齿。起垄打起止线,作业速度7 km/h～9 km/h。不拖堆,垄体饱满,垄面整体平整,不出凹心垄,无大块明条,百米直线度＜±4 cm,往复结合垄误差＜±3 cm,地头(边)整齐一致,误差≤30 cm。垄高一致,镇压后18 cm～20 cm,误差±2 cm。垄距相等,误差±2 cm。垄距110 cm时,垄台台面宽65 cm～70 cm;垄距130(136) cm时,垄台台面宽85 cm～90 cm。起垄施底(基)肥要求详见5.2。

11 生产废弃物处理

生产过程中产生的肥料、农药等各种包装袋(纸、箱)、塑料(玻璃)瓶等应回收妥善处理,禁止随地丢弃。

12 生产档案建立

对应地号建立玉米生产档案,包括生产投入品采购、出入库、使用记录,农事、收获、储运记录。

参考文献

[1] GB 3100 国际单位制及其应用

[2] GB 3102.1 空间和时间的量和单位

[3] GB/T 37088 玉米一次性施肥技术指南

[4] NY/T 239 西北地区春玉米生产技术规程

[5] NY/T 240 西北地区夏玉米生产技术规程

[6] NY/T 1425 东北地区高淀粉玉米生产技术规程

[7] DB11/T 084 夏玉米生产技术规程

[8] DB11/T 085 春玉米生产技术规程

[9] DB22/T 950 绿色食品 玉米生产技术规程

[10] DB22/T 994 无公害玉米生产技术规程

[11] DB23/T 2533 温凉半湿润区玉米机械粒收栽培技术规程

[12] DB23/T 2547 三江平原玉米耐低温机械化栽培技术规程

[13] 苏前富.春玉米全生育期植保技术应用手册[M].北京:中国农业出版社,2018

[14] 肖俊夫.中国玉米灌溉与排水[M].北京:中国农业科学技术出版社,2017

[15] 于立河.粮食作物栽培学[M].哈尔滨:黑龙江科学技术出版社,2001

[16] 宋耀远.大豆玉米标准化施肥技术[J].现代化农业,2006(5):15-16

[17] 邓良佐,李玉成,李艳杰,等.寒地旱作玉米高产形态指标诊断技术研究[J].玉米科学,2005(13):122

[18] 高强,冯国忠,王志刚.东北地区春玉米施肥现状调查[J].中国农学通报,2010,26(14):229-231

[19] 张兴梅,王法清,李国兰.白浆土供肥能力的试验[J].现代化农业,1996(11):18

[20] 谭金芳.作物施肥原理与技术[M].北京:中国农业大学出版社,2003

《北大荒玉米种植技术》编制说明

本文件起草组

一、任务来源

本文件的制定计划由北大荒农垦集团总公司提出,根据《北大荒农垦集团有限公司主要农作物种植标准体系制定工作思路》的要求,由黑龙江省农垦科学院农作物开发研究所、黑龙江农垦职业学院、北大荒农垦集团有限公司军川农场有限公司、黑龙江北大荒农业股份八五二分公司、北大荒农垦集团有限公司牡丹江分公司作为主要起草单位共同编制。

二、标准制定的背景、目的和意义

玉米作为重要的传统食品、工业原料和饲料原料,具有极强的关联效应,用途广泛、产业链长,已渗透到我国工业、农业和人民生活的各个方面,玉米产业发展对垦区粮食安全有着重要的作用。抓好垦区玉米生产对于保障北大荒粮食供给,增加农民收入具有重要意义。

围绕北大荒农垦集团"三大一航母"战略,为进一步提高粮食综合生产能力,提升农产品质量安全水平和市场竞争力,构建技术驱动型绿色高质量发展模式,实现"藏粮于技",开辟制定及认证玉米种植环节企业标准先河而制定的《北大荒玉米种植技术》,对于推动玉米生产技术体系规范化推广应用,确保北大荒粮食安全,提升农业生产水平具有重要意义。

三、标准内容框架和参考标准

（一）标准编制的内容框架

1. 范围。

2. 规范性引用文件。

3. 播前准备。

4. 播种。

5. 施肥。

6. 病虫害防治。

7. 田间管理。

8. 收获。

9. 晾晒与储藏。

10. 秋整地。

11. 生产废弃物处理。

12. 生产档案建立。

（二）主要参考标准

GB/T 3543.4　农作物种子检验规程　发芽试验

GB/T 8321(所有部分)　农药合理使用准则

GB/T 21017　玉米干燥技术规范

GB/T 21962　玉米收获机械　技术条件

GB/T 23391.3　玉米大、小斑病和玉米螟防治技术规范　第3部分:玉米螟

NY/T 1355　玉米收获机　作业质量

四、标准的制定过程

（一）成立标准起草组，制订工作方案

2019 年 3 月，为确保标准制定顺利实施和推进，按照实施单位的要求，起草单位组织各单位玉米生产技术骨干人员成立标准起草组。本文件要求技术含量高、实用性强，因此，制订了工作方案，对主要起草人员进行了详细的分工。本文件主要起草人有 10 人：郭宝松、李庭锋、戴志铖、佟启玉、王平、关成宏、张海刚、孙伟海、赵洪利、刘慧迪。

由郭宝松、佟启玉负责标准起草组的整体协调、技术指标验证与标准内容的修改研讨工作。

由李庭锋、戴志铖、关成宏、刘慧迪负责标准相关资料的收集、整理，编写标准稿、标准编制说明等材料的编写工作。

王平、张海刚、孙伟海、赵洪利参与标准技术指标验证，标准内容的修改研讨及定稿工作。

（二）调查研究，收集资料，撰写标准征求意见初稿

2019 年 4 月至 2020 年 6 月，标准起草组收集了北大荒农垦集团玉米生产种植技术，并有针对性地进行调研和讨论，同时查阅了大量国家标准、行业标准、地方标准，起草形成了《北大荒玉米种植技术》标准征求意见初稿。

（三）完成标准征求意见稿

2020 年 7 月至 2020 年 9 月，标准起草组本着科学、严谨的工作态度，对标准征求意见初稿的整体结构及关键性技术指标进行了充分讨论。起草组依照讨论意见前后进行了 4 次修改后形成了标准征求意见稿。

（四）发放征求意见稿并汇总研究反馈意见，完成标准送审稿

2020 年 9 月 11 日，通过向北大荒农垦集团有限公司及 9 个分公司、18 个农场、北大荒农业股份有限公司及 8 个分公司、九三粮油工业集团有限公司等生产企业发送标准征求意见稿，开始进入全面征求意见和建议阶段。截至 2020 年 10 月 11 日，共收到 12 个单位 25 条修改意见和建议。起草组高度重视收集到的意见和建议，逐条认真地进行了研究，并与意见反馈人员进行了有效沟通，吸收了合理化建议，汇总形成征求意见汇总表。根据征求意见汇总表，起草组认真修正标准征求意见稿，于 2020 年 10 月 12 日形成了标准送审稿，并完成了标准编制说明等全套送审材料。

（五）参加标准审定会，完成校准报批稿

北大荒农垦集团有限公司于 2020 年 10 月 15 日召开标准审定会，全体参会委员对标准送审稿及其相关材料进行了全面审查，提出了修改意见和建议，评审结论为一致通过并同意按此意见修改后上报审批。

会后，标准起草组按照委员提出的意见和建议对标准送审稿进行了认真细致的修改，并于 2020 年 10 月 25 日完成了标准的报批稿。

五、标准编制原则和范围

（一）标准制定原则

(1)本文件在制定过程中遵循科学性、实用性、统一性、规范性、可证实性的原则，标准的编写格式符合 GB/T 1.1—2020《标准化工作导则　第 1 部分：标准化文件的结构和起草规则》要求，在编写上综合考虑各企业玉米实际生产状况和用户的利益，寻求一套可行的玉米种植技术。

(2)本文件完全贯彻国家标准有关法律、法规、方针和政策，努力提高标准的实用性、科学性、先进性和可操作性。

(3)本文件努力做到标准的文字表达准确、简明、易懂，结构合理，逻辑严谨和内容全面。

（二）标准制定范围

本文件规定了北大荒农垦集团有限公司玉米生产中播前准备、播种、施肥、病虫害防治、田间管理、收获、晾晒与储藏、秋整地、生产废弃物处理、生产档案建立。

本文件适用于北大荒农垦集团有限公司玉米全程机械化种植。

六、采用国际标准和国外先进标准的程度及与国际、国外同类标准水平的对比情况

本文件为首次起草的北大荒农垦集团有限公司主要农作物种植企业标准,参照了国内相关资料和技术文献,起草过程中未采用国际标准和国外先进标准。

七、与有关的现行法律、法规和强制性国家标准的关系

本文件在起草过程中参考了现行法律、法规和强制性标准的有关内容,确保所涉及的内容与国家的现行法律、法规和强制性标准一致。

八、重大分歧意见的处理经过和依据

无重大分歧。

九、其他应予说明的事项

无其他应说明事项。

附表　北大荒玉米种植技术(Q/BDHZZ 0003—2020)征求意见汇总表

附表 《北大荒玉米种植技术》(Q/BDHZZ 0003—2020)征求意见汇总表

反馈意见序号	单位	章节	相应意见	姓名	是否采纳
1	宝泉岭分公司农业发展部	4.2	垄距改为行距，两行苗之前的距离	李永波	不采纳。修改了公式和内容
2		6.2	建议提出量化指标		不采纳。主要成分相同药剂产品众多，但具体含量有所差异，很难提出统一量化标准，应严格按照产品说明书使用
3		8.1	籽粒收获水分达到28%～30%也可以收获	梁琦	不采纳。企业标准不能低于国家或地方标准
4	军川农场有限公司	4.2	行距，及两个玉米苗带之间的平均距离数值，单位为米(m)	陈龙	采纳
5		8.1	籽粒含水率降至33%以下时可采用机械摘穗收获，当含水量降至30%以下时，可采用机械籽粒直收		不采纳。企业标准不能低于国家或地方标准
6		10.2.2	地块(错字)		采纳
7	北兴农场	5	通过测土配方施肥开展肥料效应研究试验，根据报酬递减规律，确定区域内最大产量施肥量和经济施肥量，从而建立本区域施肥指标，按照施肥指标指导本区域科学施肥。通过测土配方施肥建立微量元素养分丰缺指标，指导硼肥、锌肥、钼肥等微量元素的应用。通过秸秆还田、保护性耕作、有机肥应用等技术措施提高土壤肥力，通过测土配方施肥减少化肥用量	段连臣	采纳
8		5.5	玉米3叶期处于离乳期，喷施磷酸二氢钾加云大120或其他磷钾叶面肥加芸薹素内酯有利于提高作物抗逆性，从而有利于壮苗。在大喇叭口期、抽雄期、鼓粒期喷施磷酸二氢钾等有利于产量提高。土壤有效硼含量低于0.3 mg/kg的耕地，建议在大喇叭口期喷施硼肥。土壤有效硼含量高于0.35 mg/kg的耕地禁止喷施硼肥。土壤速效锌含量低于1.0 mg/kg的耕地，建议在大喇叭口期喷施锌肥。土壤速效锌含量高于1.5 mg/kg的耕地禁止使用锌肥		部分采纳。农场微量元素喷施指标不能完全代表集团玉米生产
9	牡丹江分公司	3.1	优先实行麦-玉-豆	孙伟海	不采纳。根据旱田作物的实际面积无法优先实行
10	北安分公司	3.3.2.1	"按从大以顺序依次播种"应改为"依大、中、小分别播种"更适宜	迟宏伟	采纳
11		4.2	公式错误；种子发芽率的概念表述不当，应去掉		采纳
12		5.2	施肥深度18～20 cm，建议改为16～18 cm		部分采纳。修改为16 cm～20 cm
13		10.2.4	玉米灭茬后的联合整地达不到这个标准，北安通常再重耙两遍后，达到起垄作业状态		不采纳。主要整地模式可以根据农场实际情况灵活选择
14	二龙山农场	3.1	优先豆-玉-经	赵启慧	不采纳。根据旱田作物的实际面积无法优先实行
15	九三分公司	10.2.2	秸秆翻埋中"快"改为"块"	张盛楠	采纳

（续）

反馈意见序号	单位	章节	相应意见	姓名	是否采纳
16	七星泡农场	5.3	修改为：种肥播种时施种肥，将10％～20％氮肥、20％磷肥……	张盛楠	采纳
17		5.4	修改为：玉米叶龄指数30％左右（拔节期），结合中耕培土，将50％～60％氮肥……		采纳
18		10.2.2	修改为：……地块		采纳
19	齐齐哈尔分公司	8.1	收获条件：籽粒含水量降至33％以下时可采取机械摘穗收获，建议增加晾晒果穗，籽粒水分降至20％～25％时，脱粒晾晒或出售	赵冬梅	采纳
20	绥化分公司	7.1.2	杂草种类建议列出主要种类配方	朱镇	采纳
21	哈尔滨分公司	6.2	第三点的"大班病"，是否应修改成"大斑病"	孟宪杰	采纳
22		10.2.2	"地快"是否应修改成"地块"		采纳
23	北大荒农业股份公司		水稻、大豆、玉米种子质量标准采用国家标准是否低？垦区已经采用精量和精准播种，是否应该有自己企业用种标准	辛明强	采纳
24			是否加入播后深松放寒技术措施		采纳
25		7.2.3	第二遍中耕，在玉米3展叶，7.2.2中说3叶期，应该都统一用一种说法"叶期"或"展叶"		采纳

（续）

ICS 65.020.01
CCS B 05

北大荒农垦集团有限公司企业标准

Q/BDHZZ 0004—2020

北大荒马铃薯淀粉加工原料薯种植技术

2020-10-25 发布

2021-01-01 实施

北大荒农垦集团有限公司 发布

前　言

本文件按照 GB/T 1.1—2020《标准化工作导则　第 1 部分:标准化文件的结构和起草规则》的规定起草。

本文件由北大荒农垦集团有限公司提出并归口。

本文件起草单位:黑龙江八一农垦大学、北大荒农垦集团有限公司、黑龙江农垦职业学院、黑龙江省农垦科学院农作物开发研究所、北大荒马铃薯集团有限公司。

实施单位:北大荒农垦集团有限公司。

本文件主要起草人:林长华、金光辉、张桂芝、佟启玉、董桂军、姜丽丽、关成宏、于琳、李明安。

北大荒马铃薯淀粉加工原料薯种植技术

1 范围

本文件规定了马铃薯淀粉加工原料薯生产种植的术语和定义、播前准备、播种、田间管理、病虫害防治、收获及生产档案建立。

本文件适用于北大荒农垦集团有限公司马铃薯淀粉加工原料薯的种植。

2 规范性引用文件

下列文件中的内容通过文中的规范性引用而构成本文件必不可少的条款。其中,注日期的引用文件,仅该日期对应的版本适用于本文件;不注日期的引用文件,其最新版本(包括所有的修改单)适用于本文件。

GB 3095 环境空气质量标准

GB 5084 农田灌溉水质标准

GB/T 8321(所有部分) 农药合理使用准则

GB 15618 土壤环境质量 农用地土壤污染风险管控标准(试行)

GB 18133 马铃薯脱毒种薯

NY/T 496 肥料合理使用准则 通则

NY/T 1276 农药安全使用规范 总则

NY/T 2462 马铃薯机械化收获作业技术规范

NY/T 2706 马铃薯打秧机 质量评价技术规范

3 术语和定义

下列术语和定义适用于本文件。

3.1

淀粉加工原料薯

以用于马铃薯淀粉提取加工生产为种植目的的马铃薯。

3.2

闷耕

动力中耕碎土追肥。在播种后出苗前,即当地下马铃薯种芽出土前距离地表 2 cm～3 cm 时,进行动力中耕培土追肥灭草作业,覆土厚度 5 cm～8 cm,一次成垄型,垄体截面为梯形。实现了培土、双侧追肥、灭草三位一体的动力中耕碎块覆土追肥技术。

3.3

原种

用育种家种子繁育的第 1 代至第 2 代或按原种生产技术规程生产的达到质量标准的种子。用原原种作种薯,在良好隔离环境中产生的经质量检测达到 GB 18133 要求的,用于生产一级种的种薯。

3.4

良种

在相对隔离环境中,用原种作种薯生产的,经质量检测达到 GB 18133 要求的,用于生产二级种的种薯。

4 播前准备

4.1 选地选茬

以选择土质疏松、肥沃、排水通气良好的漫川漫岗地,适于机械化作业,呈微酸性或中性的地块为宜。空气质量应符合 GB 3095 的要求,土壤环境应符合 GB 15618 的要求,灌溉水应符合 GB 5084 的要求。

选茬时,前茬以禾谷类作物,如谷子、玉米和小麦等茬口为宜;而麻类、烟草、甜菜和向日葵等前茬不宜种植。且前茬施用过咪唑乙烟酸等残留期长的除草剂的耕地不能种植马铃薯,若前茬为玉米,大田苗期用药过量也不宜种植。

4.2 整地起垄

采取秋季深松耕作为宜,深松浅翻、重耙 2 遍、轻耙 1 遍。一般耕作深度为 28 cm～32 cm,深松深度 35 cm～40 cm。

起垄时选用动力中耕机为宜,要求垄的大小为:垄底宽 90 cm,垄顶宽 30 cm,垄高 25 cm,起垄要求垄沟直,垄沟深浅一致。

4.3 种薯准备

4.3.1 品种选择

应选用品种特性和生育期适于当地淀粉加工原料薯生产的品种。

4.3.2 种薯要求

种薯质量应符合 GB 18133 的要求。种薯级别要求为一级种薯或二级种薯。

4.4 催芽

播种前 15 d～20 d 将种薯置于 15 ℃～20 ℃的室内环境或塑料大棚,平铺 2 层～3 层。置于散射光下催芽,每隔 3 d 翻动 1 次,芽长小于 0.5 cm 为宜。

4.5 切块拌种

播种前 1 d～2 d 切块。切块重量 40 g～45 g。每个切块带 1 个～2 个芽眼。切刀可使用 0.1%高锰酸钾进行消毒。种薯切块后,薯块可采用微生物拌种剂或杀菌剂拌种。

5 播种

5.1 播种时期

10 cm 深的土壤温度连续 5 d 以上稳定通过 7 ℃时,即可播种。

适宜播种时期为 4 月 25 日至 5 月 5 日。

5.2 播种深度

一般年份,播种深度为 8 cm～10 cm。土壤墒情好,播种深度为 6 cm～8 cm。干旱年份,播种深度为 10 cm～12 cm。

5.3 播种密度

适度密植。垄距为 90 cm 时,早熟品种株距为 16 cm～17 cm,每公顷保苗 6.4 万株～6.8 万株;晚熟品种株距为 18 cm～20 cm,每公顷保苗 5.5 万株～6 万株。

5.4 施种肥

5.4.1 配肥原则

测土配方施肥。根据马铃薯生育期需肥特点和土壤肥力,确定相应施肥量和施肥方法。底肥、追肥和叶面施肥相结合。

5.4.2 施肥量

种肥在播种时施入,常用的肥料种类有尿素、磷酸二铵和硫酸钾或者复合肥。采用测土配方施肥。一般土壤地区按 N：P：K＝2：1：3.5 的比例每公顷施化肥纯量 338.1 kg。

追肥:结合动力中耕机中耕上土时可施肥(N：P：K＝14：7：24),每公顷追肥施化肥量为 300 kg。肥料使用应符合 NY/T 496 的要求。

5.4.3 施肥位置

侧深施肥位置为:种薯侧 10 cm、种薯下 3 cm～5 cm;追肥要求施垄的两侧,覆土厚度 3 cm～5 cm。

6 田间管理

6.1 管理技术

建议采用马铃薯"四优一管"高产栽培技术进行田间管理。"四优"即"优耕作、优种薯、优栽培、优防控";"一管"是指根据马铃薯的不同生长进程,实施适期播种、动力中耕、施肥、防病、打秧和收获等科学管理。

6.2 闷耕

动力中耕碎土追肥。播种后出苗前即可以进行动力中耕结合追肥一次完成。追肥氮:磷:钾为14:7:24,当地下种芽距离地表 2 cm~3 cm 时进行作业,覆土厚度 5 cm~8 cm,一次成垄,垄体截面为梯形。

6.3 除草

使用化学药剂苗前封闭除草或苗后除草、机械除草,除草剂使用应符合 GB/T 8321 和 NY/T 1276 的要求。

6.4 水肥管理

马铃薯整个生育期注意排水排涝。播种后天气干旱时,及时灌溉;块茎形成期和块茎膨大期土壤田间最大持水量保持 60%~80%;结薯后期和收获前要控制水分。

6.5 叶面施肥

叶面肥选用以中微量元素为主、大量元素为辅的原则,具体肥料使用应根据田间生长状况进行植株诊断而定。马铃薯苗期表现缺氮,可叶面喷施水溶性氮肥;马铃薯花期后,每隔 7 d~10 d 叶面交替喷施磷酸二氢钾溶液 3 kg/hm² 和硼钙镁肥 15 kg/hm²,连续 2 次~3 次,最后一遍宜喷磷酸二氢钾。

7 病虫害防治

7.1 防治原则

坚持"预防为主、综合防治"的原则,农业防治、生物防治、化学防治相结合。

7.2 防治方法

采用"药肥一体化"防治,可将防病药剂与叶面肥料相结合,一次性同时喷施,要注意农药混配顺序和原则,配药后应立即喷施。

7.3 主要病害防治

7.3.1 早疫病

可喷施 325 g/L 苯甲·嘧菌酯悬浮剂(苯醚甲环唑 125 g/L:嘧菌酯 200 g/L)和代森锰锌等药剂。根据地块病害发生情况,苯甲·嘧菌酯悬浮剂每公顷用量为 500 g~750 g,且不建议与乳油有机硅混用。

7.3.2 晚疫病

常用的防治方式为保护性药剂代森锰锌与硼钙镁肥和内吸性杀菌剂烯酰吗啉、吡唑醚菌酯、乙磷铝等与硼钙镁肥、磷酸二氢钾交替喷施,同时也可与杀虫剂混合喷施。

晚疫病一般流行年份喷施 7 遍~8 遍,严重流行年份喷施 9 遍~10 遍。

7.3.3 黑痣病

全苗后喷施 45%噻呋酰胺·嘧菌酯 1 次~2 次,每公顷喷施用量 525 g~750 g,根据病情酌情增减。

7.4 虫害防治

7.4.1 地老虎、蛴螬、金针虫等地下害虫

播种时可随播种机沟施苦参碱水剂等药剂防治地下害虫。

7.4.2 地上害虫

常见的地上害虫为茄二十八星瓢虫和蚜虫。蚜虫可以喷施 5%啶虫脒乳油防治,瓢虫可喷施 2.5%高效氯氟氰菊酯乳油或者 2.5%溴氰菊酯乳油等药剂防治。

8 收获

8.1 收获前的机械准备

8.1.1 杀秧

收获前 10 d~15 d,利用马铃薯割秧机进行机械割秧,割秧机作业质量应符合 NY/T 2706 的要求,或者喷施催枯剂等化学药剂杀秧。

8.1.2 收获机械选择

马铃薯收获机的选择应适合当地土壤类型、黏重程度和作业要求。马铃薯收获机械的作业质量应符合 NY/T 2462 的要求。在土壤条件适宜时,也可以使用自动上车装置进行自动化收获。

8.2 适时收获

马铃薯在生理成熟期收获,产量为最高。生理成熟的标志是植株茎叶大部分由绿逐渐变黄转枯,块茎表皮韧性较大、皮层较厚、色泽正常。收获时要选择晴天,避免雨淋;装运时尽量避免碰伤,便于储藏。

9 生产档案建立

根据当地实际种植情况,应建立生产档案,内容包括:品种选择、整地、催芽、切块拌种、播种、动力中耕追肥、水分管理、肥料使用、除草、病虫害防治及收获等详细档案。

参考文献

［1］GB 3100　国际单位制及其应用

［2］GB 3101　有关量、单位和符号的一般原则

［3］GB 3102　空间和时间的量和单位

《北大荒马铃薯淀粉加工原料薯种植技术》编制说明

本标准编写组

一、任务来源

根据《北大荒农垦集团有限公司主要农作物种植标准体系制定工作思路》的要求,由北大荒农垦集团有限公司提出,黑龙江八一农垦大学、北大荒农垦集团有限公司、黑龙江农垦职业学院、黑龙江省农垦科学院农作物开发研究所、北大荒马铃薯集团有限公司共同参加,成立起草组,负责制定。

二、标准编制原则和范围

（一）标准制定原则

本文件在制定过程中遵循"科学性、实用性、统一性、规范性"的原则,标准的编写格式符合 GB/T 1.1—2020《标准化工作导则 第 1 部分:标准化文件的结构和起草规则》要求,在编写上综合考虑实际生产情况和用户的利益。

（二）标准制定范围

本文件规定了马铃薯淀粉加工原料薯生产种植的术语和定义、播前准备、播种、田间管理、病虫害防治、收获及生产档案建立。

本文件适用于北大荒农垦集团有限公司域内所有生产地区,不论其规模大小。

三、标准编制工作过程

按照项目要求,项目主持单位积极组织技术骨干成立标准起草工作组,研究和制订了标准编制工作方案,并按照企业标准修订要求展开标准制订工作,严格按照 GB/T 1.1—2020 制定标准。

（一）调研、收集阶段

2019 年 3 月至 2020 年 3 月,开展黑龙江省整个马铃薯行业种植技术的调研、讨论,收集相关国家标准、行业标准、地方标准,为标准起草做准备。

（二）成立标准起草工作组,制订工作方案,撰写标准征求意见初稿

2020 年 4~7 月,联合协作单位,组织技术骨干成立标准起草工作组。工作组成员均有较丰富的专业知识和实践经验,熟悉业务,了解标准化工作的相关规定并具有较强的文字表达能力。项目主持人制订工作计划,明确内部分工及进度要求,责任落实到人。与北大荒农垦集团有限公司、分公司、农场和生产企业技术人员交流,重点关注生产和推广应用中的主要问题,起草了标准征求意见初稿。

（三）讨论、发放征求意见稿并汇总,完善标准送审稿

2020 年 8 月至 10 月上旬,标准起草组本着科学、严谨的态度,进行 5 次修改和讨论,形成标准征求意见稿,向北大荒农垦集团有限公司主要领导、9 个北大荒农垦集团有限公司分公司农业发展部、18 个农场、黑龙江北大荒农业股份有限公司生产技术部及 8 个分公司等农业生产部门和九三粮油工业集团有限公司、北大荒马铃薯集团等生产企业共 50 余家,全面广泛进行意见征求工作。截至 2020 年 10 月初,收到 5 个单位 5 人反馈的 13 条建议和意见,形成征求意见汇总表。于 2020 年 10 月 14 日完成了标准送审稿,同期完成了标准编制说明等全套送审材料。

（四）参加标准审定会,完成校准报批稿

北大荒农垦集团有限公司于 2020 年 10 月 15 日召开标准审定会,全体参会委员对标准送审稿及其相关材料进行全面审查,提出修改意见和建议,评审结论为一致通过并同意按此意见修改后上报审批。

会后,标准起草组按照专家提出的意见和建议对标准送审稿进行了认真细致的修改,并于 2020 年 10 月 25 日完成了标准的报批稿。

四、标准主要起草人及其任务分工

本文件主要起草人有9人：林长华、金光辉、张桂芝、佟启玉、董桂军、姜丽丽、关成宏、于琳、李明安。

由林长华、金光辉负责标准起草组的整体协调，技术指标验证与标准内容的修改研讨工作。

由张桂芝、佟启玉、董桂军、姜丽丽负责标准相关资料的收集、整理，编写标准稿、标准编制说明等材料的编写工作。

由关成宏、于琳、李明安负责标准技术指标验证，参与标准内容的修改研讨及定稿工作。

五、标准编制主要内容及技术指标

（一）标准编制主要内容

主要对马铃薯淀粉加工原料薯生产种植技术的范围、规范性引用文件、术语和定义、播前准备、播种、田间管理、病虫害防治、收获及生产档案建立做了详细规定。

（二）主要参考标准及技术资料

本文件在制定过程中，参考了以下标准的内容：

GB 3095　环境空气质量标准

GB 5084　农田灌溉水质标准

GB/T 8321（所有部分）　农药合理使用准则

GB/T 8884　食用马铃薯淀粉　技术要求

GB 15618　土壤环境质量　农用地土壤污染风险管控标准（试行）

GB 18133　马铃薯脱毒种薯

GB/T 25417　马铃薯种植机　技术条件

NY/T 496　肥料合理使用准则　通则

NY/T 990　马铃薯种植机械　作业质量

NY/T 1276　农药安全使用规范　总则

NY/T 2462　马铃薯机械化收获作业技术规范

NY/T 2706　马铃薯打秧机　质量评价技术规范

六、采用国际先进标准的程度，以及与国际同类标准水平的对比情况

本文件为首次自主制定，不涉及国际标准采标情况。

七、与有关的现行法律、法规和强制性国家标准的关系

本文件在制定过程中，参考了《中华人民共和国专利法》《中华人民共和国著作权法》《中华人民共和国行政许可法》《中华人民共和国认证认可条例》等国家现行法律、法规、规章和强制性国家标准的要求，本文件尽量保证与国家、行业相关法律、法规、规章和强制性国家标准相一致。

八、重大分歧意见的处理经过和依据

无重大分歧。

九、征求意见处理情况

起草组成员积极深入马铃薯淀粉加工原料薯主产区进行实地考察调研，结合生产上的主要问题，制定《北大荒马铃薯淀粉加工原料薯种植技术》征求意见初稿，并形成标准征求意见稿。2020年9月，将标准征求意见发给50余家北大荒农垦集团有限公司及分公司、黑龙江北大荒农业股份有限公司及分公司、生产企业。截至2020年10月初，收到5人反馈的13条建议和意见，形成征求意见汇总表。

十、其他应说明的事项

无其他应说明事项。

附表　《北大荒马铃薯淀粉加工原料薯种植技术》（Q/BDHZZ 0004—2020）征求意见汇总表

附表 《北大荒马铃薯淀粉加工原料薯种植技术》(Q/BDHZZ 0004—2020)征求意见汇总表

反馈意见序号	单位	章节	相应意见	姓名	是否采纳
1	二龙山农场	3.2	建议在幼苗破土期在垄体能见幼苗为宜	路平安	不采纳。因苗破土期垄体能见幼苗时再闷耕会伤苗影响生长
2		4.1	建议改为若前茬为玉米、大田苗期药过量不宜种植		采纳。同时加上此项建议
3	绥化分公司		建议将集团有限公司企业标准内单位进行统一,如面积统一为亩或者公顷为单位,剂量单位为 L/hm²	朱镇	采纳
4	哈尔滨分公司	5.3	早熟品种株距是否可以改成 14 cm～15 cm,每公顷保苗是否可以改成 7.3 万株～7.8 万株,晚熟品种株距是否可以改成 15 cm～16 cm	孟宪杰	不采纳。因密度过大影响产量
5		6.2	追肥氮磷钾后是否应加上"肥料比"三个字		不采纳
6	北大荒农业股份公司		标准中写"四做一管"栽培管理是否合宜?	辛明强	采纳
7		3.3原种	修改为用育种家种子繁育的第 1 代至第 2 代或按原种生产技术规程生产的达到质量标准的种子。用原原种作种薯,在良好隔离环境中产生的经质量检测达到 GB 18133 要求的,用于生产一级种的种薯		采纳
8		3.4	修改为在相对隔离环境中,用原种作种薯生产的,经质量检测达到 GB 18133 要求的,用于生产二级种的种薯		采纳
9		4.3.2	修改为种薯质量应符合 GB 18133 的要求。种薯级别要求为一级种薯或二级种薯		采纳
10	北大荒薯业公司	4.5	修改为播种前 1 d～2 d 切块。切块重量 40 g～45 g。每个切块带 1 个～2 个芽眼。切刀可使用 0.1% 高锰酸钾进行消毒。种薯切块后,薯块可采用杀菌剂拌种	李明安	部分采纳。改为"薯块可使用微生物拌种剂或杀菌剂拌种"
11		5.3	修改为适度密植。垄距为 90 cm 时,早熟品种株距为 16 cm～17 cm,每公顷保苗 6.4 万株～6.8 万株;晚熟品种株距为 18 cm～20 cm,每公顷保苗 5.5 万株～6 万株		采纳
12		5.4.2	修改为种肥在播种时施入,常用的肥料种类有尿素、磷酸二铵和硫酸钾或者复合肥。一般土壤地区按 N：P：K＝10：15：20 的比例每 667 m² 施化肥纯量 22.54 kg,有条件的同时施入有机质≥10%、有效活菌数≥2 亿/g、氨基酸≥6%,微量元素(锌、钙、硼、镁)≥5% 的生物有机菌肥。追肥:每 667 m² 结合动力中耕机中耕上土时可施肥(N：P：K＝20：0：24),每 667 m² 施化肥纯量 4.4 kg 的追肥。肥料使用应符合 NY/T 496 的要求		部分采纳。改为"种肥在播种时施入,常用的肥料种类有尿素、磷酸二铵和硫酸钾或者复合肥。采用测土配方施肥。一般土壤地区按 N：P：K＝2：1：3.5 的比例每公顷施化肥纯量 338.1 kg。追肥:结合动力中耕机中耕上土时可施肥(N：P：K＝14：7：24),每公顷追肥施化肥量为 300 kg。肥料使用应符合 NY/T 496 的要求。"此意见中的肥料比例"N：P：K＝10：15：20""N：P：K＝20：0：24"因不适于马铃薯淀粉加工原料薯的种植故不采纳
13		6.4	水肥管理(注:水肥管理膜下滴灌目前垦区淀粉马铃薯种植上还做不到)		采纳

ICS 65.020.01
CCS B 05

北大荒农垦集团有限公司企业标准

Q/BDHZZ 0005—2020

北大荒春小麦种植技术

2020-10-25 发布

2021-01-01 实施

北大荒农垦集团有限公司 发布

前　言

本文件按照 GB/T 1.1—2020《标准化工作导则　第 1 部分:标准化文件的结构和起草规则》的规定起草。

本文件由北大荒农垦集团有限公司提出并归口。

本文件起草单位:北大荒农垦集团有限公司、黑龙江省农垦科学院农作物开发研究所、黑龙江八一农垦大学、黑龙江省建边农场。

实施单位:北大荒农垦集团有限公司。

本文件主要起草人:杨世志、张景云、王平、董桂军、蔡德利、关成宏、赵泽双、王希武。

北大荒春小麦种植技术

1 范围

本文件规定了北大荒农垦集团有限公司春小麦生产的术语和定义、选地、耕整地技术、品种选择及处理、施肥、播种、田间管理、机械收获、晒场管理、生产档案建立。

本文件适用于北大荒农垦集团有限公司中、强筋春小麦种植。

2 规范性引用文件

下列文件中的内容通过文中的规范性引用而构成本文件必不可少的条款。其中,注日期的引用文件,仅该日期对应的版本适用于本文件;不注日期的引用文件,其最新版本(包括所有的修改单)适用于本文件。

GB 4404.1 粮食作物种子 第 1 部分:禾谷类

GB/T 8321(所有部分) 农药合理使用准则

NY/T 496 肥料合理使用准则 通则

3 术语和定义

下列术语和定义适用于本文件。

3.1

春小麦春播栽培技术

在春季播种的栽培技术。

3.2

春小麦冬播栽培技术

在土壤封冻前后进行播种,并采用种侧分层施肥法,利用第 2 年早春积温促使小麦提早萌发、出苗,提早收获 7 d～10 d,有效解决干旱地区春季播种导致土壤水分散失影响出苗和易涝地区春季播种困难的问题,同时增强小麦抗倒伏、抗旱的能力,保证小麦高产、提前收获和收获品质。

4 选地

选择耕层深厚、肥力较好、保水保肥的成区连片地块。在合理轮作的基础上,优选豆茬,其次选马铃薯茬、玉米茬,避免甜菜茬和重迎茬,不选择前茬使用长残留除草剂的地块。

5 耕整地技术

5.1 精细整地

实行"翻、松、耙、耢、压"相结合的耕作方式,使耕地质量达到平、暄、细、碎、齐,处于上虚下实的待播状态。

深松质量:深松深度≥30 cm,打破犁底层,改善土壤通透性,达到透气透水作用。

翻地质量:伏秋翻地耕深为 22 cm～25 cm,翻深一致,误差±1 cm,翻垡整齐严密,不重翻,不漏翻,无堑沟。浅翻深松时浅翻深度为 10 cm～12 cm。

耙茬质量:耙茬深度为 15 cm～18 cm,采用对角线法,不漏耙,不拖耙,耙后地表平整,耙层每平方米大于 3 cm 块径土块不超过 3 个。

旋耕质量:旋耕深度为 12 cm～15 cm,不漏旋,不重旋,旋后地表平整,垄沟与垄台无明显差别。

耢地质量:采用对角线法,达到平整细碎的播种状态。

镇压:除土壤含水量过大的地块外,应及时镇压,以防跑墒。

5.2 整地时间

以伏、秋整地最佳,避免春整地。

6 品种选择及处理

6.1 品种选择

根据市场要求,选择适应当地生态条件,经审定推广的高产优质、抗逆性强、抗病性强、抗倒伏的强筋、中筋春小麦品种,熟期类型应注意早、中、晚适当搭配,以利于适时收获,保证商品质量。

6.2 种子处理

a) 种子精选:播前进行种子清选,剔出秕粒、病粒、杂质等,使种子清洁完整、大小一致、粒大饱满、发芽力强,种子质量符合 GB 4404.1 的要求。

b) 种子处理:播种前种子包衣,防治小麦主要病害和虫害。

选用 50％唑酮·福美双、2.5％咯菌腈、3％苯醚甲环唑悬浮种衣剂、40％萎锈·福美双、2％立克秀拌种防治小麦根腐病和散黑穗病。

7 施肥

采用测土配方精准施肥,肥料使用符合 NY/T 496 的要求,适当增施有机肥和生物菌肥。

7.1 配方与用量

化肥用量(纯量)165 kg/hm²～225 kg/hm²,氮、磷、钾三要素比例根据土壤类型及土壤肥力不同而有所差异,一般为 1∶(1～1.2)∶(0.3～0.4),施肥纯氮(N)65 kg/hm²～95 kg/hm²、纯磷(P_2O_5)75 kg/hm²～105 kg/hm²、纯钾(K_2O)25 kg/hm²～45 kg/hm²。

7.2 施肥方法

a) 底肥:秋季深施底肥,深度 12 cm。总施氮量的 2/3、总施磷量的 2/3、总施钾量的 1/2,混合施用。

b) 种肥:总施氮量的 1/3、总施磷量的 1/3、总施钾量的 1/2 作种肥,其中,尿素作种肥时,每公顷用量不得超过 30 kg。种肥施在种子下 3 cm～5 cm 土层内。

c) 追肥:小麦 3 叶期结合除草喷施尿素 3.75 kg/hm²＋硼酸 0.3 kg/hm²＋磷酸二氢钾 3.0 kg/hm²;在小麦扬花后期结合防病措施喷施尿素 3.75 kg/hm²＋磷酸二氢钾 3.0 kg/hm²。

d) 施肥质量要求:施肥量准确,不重不漏,各排肥口流量一致,肥料要施到规定的位置。

8 播种

8.1 春小麦春播

8.1.1 适期早播

根据当地的地理位置,品种特性,光热资源,土、肥、水等条件综合考虑。春季化冻后,东部地区土壤化冻达 3 cm 深度,北部地区土壤化冻达到 5 cm～6 cm 深度,西部地区化冻达 7 cm～8 cm 深度时,及时播种。具体是东部地区于 3 月底至 4 月初播种,北部和西部麦区适合播期应在 4 月 10 日～20 日。

8.1.2 播种密度

根据品种特性、播期早晚、水肥条件、地力水平、栽培技术等综合因素确定。小麦早熟品种为 750 万株/hm²,中熟品种为 700 万株/hm²,晚熟品种为 650 万株/hm²。

8.1.3 播量

按每公顷保苗株数、千粒重、发芽率、净度和田间保苗率(一般为 90％)计算播量。按公式(1)计算。

$$播种量(kg/hm²) = \frac{每公顷保苗株数 \times 千粒重}{发芽率(\%) \times 净度(\%) \times 10^6 \times 田间保苗率(\%)} \quad \cdots\cdots\cdots\cdots (1)$$

采用 10 cm 或 15 cm 单条播。边播种边镇压,西部地区播后镇压 2 次。镇压后的播深为东部地区 3 cm,北部及西部 3 cm～5 cm,误差±1 cm。实际播量与规定播量误差±1％,单排种量误差±2％,

播种作业速度为 6 km/h～8 km/h,匀速作业,作业中不停车。多台播种机联合作业时,台间衔接行距误差±2 cm;播种深浅一致,覆土均匀,无漏播、断播、重播。

8.2 春小麦冬播

8.2.1 确定播期

在封冻前 2 d～3 d 到封冻后的 1 d～10 d,室外温度为－5 ℃～5 ℃、地表封冻 1 cm～2 cm 时进行播种;小麦种子不萌动,处于"冬眠"状态,第 2 年春天温度适宜时出苗。保证小麦早出苗,用底墒、保底墒、早拔节、早收获,避免收获时雨水较多影响品质,确保小麦优质高产高效。

8.2.2 播种密度

根据品种特性、水肥条件、地力水平、栽培技术等综合因素确定。一般为 600 万株/hm²～650 万株/hm²。

8.2.3 播量

根据小麦品种、当地冬春降水量及春季土壤含水量确定播种量:干旱半干旱地区冬季播种比春季播种增加 5% 的播种量;冬春雨雪较大、春季易形成渍涝的地区增加 10% 的播种量;直立型品种增加 3%～5% 的播量,匍匐型品种保持原播种量。按公式(1)计算。

8.2.4 播种质量

在秋整地的基础上,播种前镇压 1 次～2 次,控制播种深度,防止土疏松造成播种过深,春季出苗困难。采用 10 cm 或 15 cm 单条播种,春季易涝地区播种深度 2 cm～3 cm,春季干旱地区播种深度 3 cm～5 cm,播后及时镇压。

9 田间管理

9.1 冬播春小麦春季管理

对于春季干旱地区,在冬播小麦未出苗前土壤出现板结皲裂时,应及时镇压 1 次～2 次,打破板结保住底墒。

9.2 压青苗

小麦 3 叶期(喷施除草剂 3 d～5 d 后进行压青苗)用 V 形镇压器压青苗,根据土壤墒情和苗情镇压 1 次～2 次,压到头,压到边,不漏压、镇压角度大于 30°。机车行进速度≤6 km/h,镇压时不粘土,不拖堆,不转急弯。

9.3 化控

品种抗倒伏能力差,生长旺盛需采用化控防倒措施。小麦拔节前叶面喷施 20% 多效缩节胺乳油 600 mL/hm²。

9.4 生育期灌水

"三看"(看天、看地、看苗)、"两适"(适时、适量)。在小麦 3 叶期至分蘖期和拔节至孕穗期,如遇旱情,及时喷灌,每次灌水量约 30 mm。

9.5 化学除草

按 GB/T 8321 的规定执行。选用安全高效、环境友好、低毒、低残留的药剂。

    a) 防除阔叶杂草:小麦 2 叶 1 心至 3 叶期,根据杂草类型选用 90% 2,4-滴异辛酯乳油、20% 2 甲 4 氯水剂、75% 噻吩磺隆水分散粒剂等药剂。

    b) 防除禾本科杂草:野燕麦、稗草用 6.9% 精噁唑禾草灵浓乳剂、10% 精噁唑禾草灵乳油等药剂。

选用喷杆喷雾机在晴天早晚、无风、无露水时,均匀喷施,可加入植物油型助剂等桶混助剂,节省用药量和用水量并稳定药效。

9.6 防治病虫

按照 GB/T 8321 的规定执行。

    a) 参考 6.2 种子处理防治散黑穗病、根腐病。

    b) 防治赤霉病:小麦齐穗期或扬花株率≥10%,当天气温高于 15 ℃,气象预报连续 3 d 有雨或大雾时,选用 25% 氰烯菌酯悬浮剂、43% 戊唑醇悬浮剂、25% 咪鲜胺乳油等药剂兑水均匀喷施。上述配方可兼防治叶枯病和颖枯病。

    c) 防治黏虫：每平方米有黏虫 30 头时，在幼虫 3 龄前，用 2.5％高效氯氟氰菊酯水乳剂、10％高效氯氰菊酯水乳剂等药剂兑水喷施。

    d) 防治蚜虫：在每百株有 500 头～800 头蚜虫时，用 10％高效氯氰菊酯水乳剂、2.5％高效氯氟氰菊酯水乳剂、5％高效氯氰菊酯水乳剂＋70％吡虫啉水分散粒剂，兑水均匀喷施。

10　机械收获

10.1　收获时期

机械分段收获，蜡熟初期打道试割，蜡熟中期突击割晒，晾晒后拾禾；联合收割机收获在完熟期开始。

10.2　收割质量

    a) 割晒：蜡熟中期开始割晒，割净、无飞穗、散落穗及掉粒，地头整齐。割茬高度为 20 cm～25 cm，麦铺放成鱼鳞状，角度为 45°～75°，宽度 1.5 m～1.8 m，厚度为 6 cm～8 cm，放铺整齐，连续均匀，麦穗不接触地面。割行笔直，百米弯曲度不超过 20 cm。

    b) 拾禾：小麦割晒后 3 d～4 d，籽粒水分小于 18％时，即可进行拾禾作业，要求捡拾干净不掉穗，损失率≤1％。

    c) 联合收割机收割：割茬高度不高于 25 cm，不跑粮、不漏粮、不裹粮。田间收获损失率≤1％，收获破碎率≤1.5％，脱净率≥99％，粮食清洁率 90％以上，同时进行秸秆粉碎还田长度不超过 10 cm，抛撒宽度不低于割幅的 80％，不积堆。

11　晒场管理

小麦进场后立即出风、清杂、晾晒，晴天早摊场、勤翻动。

晾晒顺序：先种子、后商品粮；先湿度大的、温度高的，后湿度小的、温度低的。

小麦种子应单品种收割、运输、脱粒、晾晒、储藏，严防品种混杂。

当种子含水量低于 13％时，可精选入库，挂好标签，注明品种名称、数量、纯度、净度、发芽率等。

12　生产档案建立

建立小麦生产档案，包括生产投入品采购、出入库、使用记录及农事、收获、储运记录。所有记录应真实、准确、规范，并可追溯。

参考文献

［1］DB23/T 019　小麦生产技术规程

［2］DB41/T 1082　强筋小麦生产技术规程

［3］DB4107/T 174　强筋小麦施肥技术规程

［4］DB41/T 1083　中筋小麦生产技术规程

［5］DB41/T 1084　弱筋小麦生产技术规程

《北大荒春小麦种植技术》编制说明

本文件起草组

一、任务来源

根据《北大荒农垦集团有限公司主要农作物种植标准体系制定工作思路》的要求,由北大荒农垦集团有限公司提出,黑龙江省农垦科学院农作物开发研究所、黑龙江八一农垦大学、黑龙江省建边农场共同参加,成立起草组,负责制定《北大荒春小麦种植技术》企业标准。

二、标准编制原则和范围

(一)标准制定原则

本文件在制定过程中遵循"科学性、实用性、统一性、规范性"的原则,标准的编写格式符合 GB/T 1.1—2020《标准化工作导则 第 1 部分:标准化文件的结构和起草规则》要求,在编写上综合考虑实际生产情况和用户的利益。

(二)标准制定范围

本文件规定了北大荒农垦集团有限公司春小麦生产的术语和定义、选地、耕整地技术、品种选择及处理、施肥、播种、田间管理、机械收获、晒场管理、生产档案建立。

本文件适用于北大荒农垦集团有限公司域内所有生产地区,不论其规模大小。

三、标准编制工作过程

按照项目要求,项目主持单位积极组织技术骨干成立标准起草工作组,研究和制订了标准编制工作方案,并按照企业标准修订要求展开标准制定工作,严格按照 GB/T 1.1—2020 的规定制定标准。

(一)调研、收集阶段

2019 年 3 月至 2020 年 3 月,开展黑龙江省整个小麦行业种植技术的调研、讨论,收集相关国家标准、行业标准、地方标准,为标准起草做准备。

(二)成立标准起草工作组,制订工作方案,撰写标准征求意见初稿

2020 年 4～7 月,联合协作单位,组织技术骨干成立标准起草工作组。工作组成员均有较丰富的专业知识和实践经验,熟悉业务,了解标准化工作的相关规定并具有较强的文字表达能力。项目主持人制订工作计划,明确内部分工及进度要求,责任落实到人。技术人员交流,重点关注生产和推广应用中的主要问题,起草了标准征求意见初稿。

(三)讨论、发放征求意见稿并汇总,完善标准送审稿

2020 年 8 月至 10 月上旬,标准起草组本着科学、严谨的态度,进行 4 次修改和讨论,形成标准征求意见稿,向北大荒农垦集团有限公司主要领导、9 个北大荒农垦集团有限公司分公司农业发展部、18 个农场、黑龙江北大荒农业股份有限公司生产技术部及 8 个分公司等农业生产部门和九三粮油工业集团有限公司、北大荒马铃薯集团等生产企业共 50 余家,全面广泛进行意见征求工作。截至 2020 年 10 月初,收到 3 人反馈的 5 条建议和意见,形成征求意见汇总表。于 2020 年 10 月 12 日完成了标准送审稿,同期完成了标准编制说明等全套送审材料。

(四)参加标准审定会,完成校准报批稿

北大荒农垦集团有限公司于 2020 年 10 月 15 日召开标准审定会,全体参会委员对标准送审稿及其相关材料进行全面审查,提出修改意见和建议,评审结论为一致通过并同意按此意见修改后上报审批。

会后,标准起草组按照专家提出的意见和建议对标准送审稿进行了认真细致的修改,并于 2020 年 10 月 25 日完成了标准的报批稿。

四、标准主要起草人及其任务分工

本文件主要起草人有 8 人:杨世志、张景云、王平、董桂军、蔡德利、关成宏、赵泽双、王希武。

由张景云、蔡德利、关成宏、赵泽双负责标准相关资料的收集、整理,编写标准稿、标准编制说明等材料的编写工作。

由杨世志、董桂军负责标准起草组的整体协调,技术指标验证与标准内容的修改研讨工作。

由王平、王希武负责标准技术指标验证,参与标准内容的修改研讨及定稿工作。

五、标准编制主要内容及技术指标

(一)标准编制主要内容

主要对春小麦种植技术标准范围、规范性引用文件、术语和定义、选地、耕整地技术、品种选择及处理、施肥、田间管理、机械收获、晒场管理和生产档案建立做了详细规定。

(二)主要参考标准及技术资料

本文件在制定过程中,参考了以下标准的内容:

GB 4404.1—2008　粮食作物种子　第 1 部分:禾谷类

GB/T 8321(所有部分)　农药合理使用准则

NY/T 496—2010　肥料合理使用准则　通则

NY/T 3302—2018　小麦主要病虫害全生育期综合防治技术规程

DB23/T　小麦"早窄密"生产技术规程

DB23/T 019—2008　小麦生产技术规程

六、采用国际先进标准的程度,以及与国际同类标准水平的对比情况

本文件为首次自主制定,不涉及国际标准采标情况。

七、与有关的现行法律、法规和强制性国家标准的关系

本文件在制定过程中,参考了《中华人民共和国专利法》《中华人民共和国著作权法》《中华人民共和国行政许可法》《中华人民共和国认证认可条例》等国家现行法律、法规、规章和强制性国家标准的要求,本文件尽量保证与国家、行业相关法律、法规、规章和强制性国家标准相一致。

八、重大分歧意见的处理经过和依据

无重大分歧。

九、征求意见处理情况

起草组成员积极深入小麦主产区进行实地考察调研,结合生产上的主要问题,制定《北大荒春小麦种植技术》征求意见初稿,并形成标准征求意见稿。2020 年 9 月,将标准征求意见发给 50 余家北大荒农垦集团有限公司及分公司、黑龙江北大荒农业股份有限公司及分公司、生产企业。截至 2020 年 10 月初,收到 3 人反馈的 5 条建议和意见,形成征求意见汇总表。

十、其他应予说明的事项

无其他应说明事项。

附表　《北大荒春小麦种植技术》(Q/BDHZZ 0005—2020)征求意见汇总表

附表 《北大荒春小麦种植技术》(Q/BDHZZ 0005—2020)征求意见汇总表

反馈意见序号	单位	章节	相应意见	姓名	是否采纳
1	二龙山农场	3.2	封冻前后建议改为即将封冻前播种	王新颖	封冻后土壤含水量低也可以播种
2		8.2.1	封冻后无法播种		封冻后土壤含水量低也可以播种
3	建边农场	6.2	种子精选 将"大小一致、粒大饱满、发芽力强,"改为"粒重一致,芽势强、健壮度好"	刘晓乐	粒重一致不易操作
4		7	将"采用测土配方施肥方法,肥料使用符合NY/T 496 的要求"改为"采用测土配方精准施肥,肥料使用符合NY/T 496 的要求,适当增施有机肥和生物菌肥"		是
5	哈尔滨分公司	9.6	"对水"是否应改成"兑水"	孟宪杰	是

ICS 65.060.01
CCS B 01

北大荒农垦集团有限公司企业标准

Q/BDHNJ 0001—2020

北大荒旱田农机田间作业质量规范

2020-10-25 发布

2021-01-01 实施

北大荒农垦集团有限公司 发布

前　言

本文件按照 GB/T 1.1—2020《标准化工作导则　第 1 部分:标准化文件的结构和起草规则》的规定起草。

本文件由北大荒农垦集团有限公司提出。

本文件由北大荒农垦集团有限公司归口。

本文件起草单位:北大荒农垦集团有限公司、黑龙江农垦农业机械试验鉴定站、黑龙江农垦职业学院、北大荒农垦集团有限公司北安分公司、北大荒农垦集团有限公司九三分公司、北大荒农业股份宝泉岭分公司、黑龙江北大荒农垦集团建设农场有限公司。

本文件主要起草人:柳春柱、牛文祥、佟启玉、杨世志、崔少宁、董桂军、武宝传、韩成新、李洪涛、吕彦学、贺佳贝。

北大荒旱田农机田间作业质量规范

1 范围

本文件规定了北大荒旱田农机田间作业的术语和定义、旱田整地技术、旱田播种技术、田间管理、收获作业。

本文件适用于北大荒农垦集团有限公司旱田农业机械田间作业质量的检查、验收和管理。

2 规范性引用文件

本文件没有规范性引用文件。

3 术语和定义

下列术语和定义适用于本文件。

3.1

耕地

以农机具的机械作用来改变农田土壤的耕层构造和地面状况的机械作业。主要作业形式有翻地、旋耕、深松、联合整地等。

3.2

整地

对表层土壤进行松碎、平整及镇压的作业,主要作业形式有浅耕灭茬、耙地、耢地、镇压、平地、起垄等。

3.3

耕幅

耕地机具的实际作业宽度。

3.4

垡片

耕作机具作业时,单个工作部件所切取的条状或块状土垡。

3.5

重耕、漏耕

相邻两幅或相邻两铧的耕幅发生重叠时称为重耕,留有未耕的地称为漏耕。

3.6

开墒

耕地时,用犁开出确定田垄纵向第一条沟,也称开犁。

3.7

开垄、闭垄

相邻土垡各向外翻后形成的垄沟为开垄;相邻土垡相对翻转所形成的垄脊为闭垄。

3.8

内翻、外翻

单向犁耕地时,土垡向耕区中央翻转为内翻,向耕区两侧翻转为外翻。

3.9

立垡、立垡率

翻转角度 $80°\sim100°$ 的垡片为立垡,在检查区内立垡的长度之和占检查长度的百分比为立垡率。

3.10

回垡、回垡率

在犁通过后又回落犁沟的垡片为回垡。在检查区内回垡的长度之和占应检查长度的百分比为回垡率。

3.11

土壤含水率

土壤中水分重量与烘干土后土壤重量之间的比值。

3.12

土壤容重

单位容积原状土壤干土的质量,单位为 g/cm³。

3.13

地表平整度

地表相对一基准面的起伏程度。

3.14

返浆期

土壤解冻形成的水分称为浆。春季气温回升,表土融化后,水分因有冻层相隔难以下渗,不断向地面返润,形成表土比较潮湿,这种现象称为返浆,这个时期称为返浆期。

3.15

翻转犁

在犁梁的垂直方向上下安装正反 2 组犁体,在翻地时,通过翻转机构来实现犁体换向。

注:翻地时在地块的长边一侧开垦,作业时用梭形行走路线。翻后的地块没有沟和垄,地表平整,地块不用分区,不用绕地头作业,效率较单向犁高,如图 1 所示。

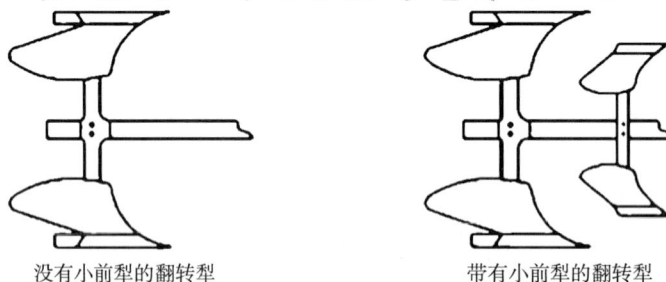

没有小前犁的翻转犁　　　　带有小前犁的翻转犁

图 1　翻转犁

3.16

小前犁(小副铧)

在铧式翻转犁主犁体前方安装,配置在主犁体犁胫的一侧。

注:将主犁体所翻垡片易漏残茬的部分提前翻扣到上一个犁沟内,主犁体翻起的土垡再将小前犁(小副铧)翻起的垡片覆盖地沟底,如图 2 所示。

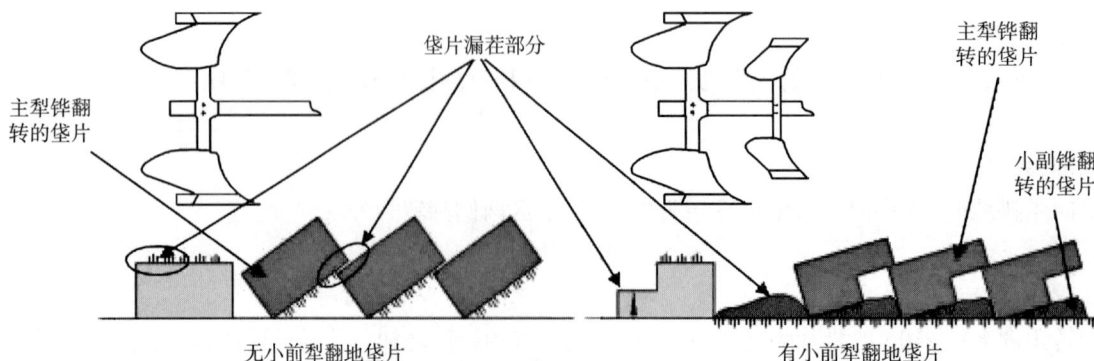

垡片漏茬部分

主犁铧翻转的垡片

主犁铧翻转的垡片

小副铧翻转的垡片

无小前犁翻地垡片　　　　有小前犁翻地垡片

图 2　翻地垡片

3.17

深松

深松作业以破碎犁底层为原则,加深耕作层,增加土壤的透气和透水性,改善作物根系生长环境。一般深度≥30 cm。

注:深松作业方式,采用全面深松在浅翻深松或耙茬深松的整地时,2 年～3 年进行 1 次土壤全面深松;起垄深松在耕整后的土地上结合起垄作业进行起垄深松,深松垄底部位。

3.18

联合耕整地

联合耕整地指一次作业即可完成灭茬碎土、耕层浅松、底层深松、整平合墒、镇压碎土等项作业,减少作业次数并减轻对土壤的压实。

注:达到一次整地封墒的效果,提高了土壤有效接纳雨水和蓄水保墒的能力,形成了土壤地下水库。

3.19

耕耘作业

耕耘作业适用于茬地和翻地后地表浅层的整地作业。

注:通过浅松土、弹齿耙和碎土辊一次性作业,能形成上有小土块、下有密实土层的良好种床,减少风蚀和水蚀。

3.20

耙地

使用各种耙对表层土壤进行松碎整平的作业。

3.21

耙茬

对耕层土壤进行松碎、平整并破碎作物根茬的作业。

注:适用于大豆、玉米、小麦等软茬作物耙茬后,经整地可进行播种。

3.22

起垄

在平地上进行开沟培土成垄的作业,可分为秋起垄和春起垄。

注:春起垄应在春季耕层化冻 10 cm～15 cm 时进行起垄作业,也称为顶浆起垄。

3.23

镇压

使用各种镇压器将土壤表层适当压实的作业。

3.24

筛目数

目是指每 6.45 cm²(1 平方英寸)筛网上的孔眼数目。

注:50 目就是指每平方英寸上的孔眼是 50 个,目数越高,孔眼越多。

3.25

喷头

喷头可分为扇形喷头和锥形喷头。扇形喷头由喷头体、柱形防滴过滤器、喷嘴和喷头帽组成。锥形喷头由喷头体、柱形防滴过滤器、涡流和喷头片组成。

注:扇形喷头喷雾穿透能力较强,在作物生产繁茂时施药,可直达深层;锥形喷头喷雾穿透能力差。喷杆式喷雾适宜选用扇形喷头,喷洒除草剂一定要选用扇形头。如喷杆喷雾机选用 11003 型扇形喷嘴,110 表示雾锥角 110°,03 表示流量 0.3 加仑*/min。80015 型扇形喷嘴,80 是雾锥角 80°,015 是流量 0.15 加仑/min。从喷嘴喷雾形状为平面扇形,适用于机动喷雾机喷洒各种农药及肥料。

---

* 加仑为非法定计量单位,1 加仑≈3.79 L。

3.26

智能喷雾系统

智能喷雾系统是在喷药机上控制喷药量及防止重喷和漏喷的工作装置。

注：其工作原理是通过加装的卫星导航接收器计算出机车行进距离，喷液量由传感器准确监测，机车作业的速度快喷液量加大，速度慢喷液量少，机车停止则不喷液。这种喷药作业能够保证单位面积内喷液量一致，改变了以往传统喷药机喷液量不匀的影响，并防止重喷和漏喷。同时能够做到实时跟踪，对单台喷药机的总作业面积、总流量、总时间自动记录保存，大大提高了喷药作业的工作效率。

3.27

风幕式喷杆喷雾机

在喷雾机上加设风机与风囊，作业时风囊出口形成风幕。

注：风幕的风力制止了雾滴的飘失，还可使雾滴进行二次雾化，进一步提高雾化效果，增大了雾滴的沉积和穿透能力，使作物叶子正反两面药液附着均匀一致，在有风的天气（4级以下）也能正常工作。

4 旱田整地技术

4.1 秸秆还田灭茬作业

4.1.1 田间作业质量标准与要求

4.1.1.1 玉米、小麦和高粱等作物秸秆还田后留茬高度≥20 cm时，宜适时进行灭茬作业。

4.1.1.2 秸秆粉碎后长度≤8 cm，秸秆留茬高度≤3 cm。

4.1.1.3 秸秆粉碎还田垄上灭茬率≥95%，垄沟灭茬率≥80%，无漏打，到头到边，不拖堆，抛撒均匀。

4.1.2 机械作业要求

4.1.2.1 适时打茬，严禁潮湿作业，满足翻地、联合整地作业地表秸秆处理要求。

4.1.2.2 配套机具：120马力～240马力拖拉机，配套灭茬机，并配套垄沟秸秆处理装置。

4.1.2.3 根据秸秆含水量、灭茬质量及土地条件合理控制车速，作业速度≤6 km/h。

4.1.2.4 地头要横向灭茬，避免翻地头拖堆。

4.2 翻地作业

4.2.1 田间作业质量标准与要求

4.2.1.1 翻地作业宜在伏、秋季进行，抓住宜耕期，不违误农时，适时耕翻。翻地作业要结合收获及时进行，伏翻地要求在收获后20 d内完成，秋翻地要在封冻前10 d完成，遇到特殊年份，秋翻地要在封冻前完成。

4.2.1.2 伏、秋翻地耕深为25 cm～30 cm，以不出生土层为准，耕深一致，误差±1.5 cm。

4.2.1.3 在翻地作业时，不拖堆，扣垡和埋茬严密，地表平整，立垡率与回垡率之和≤5%，秸秆、残茬掩埋率≥90%，垂直耕幅10 m长度范围内地表平整度≤10 cm。

4.2.1.4 单向铧式犁开闭垄之间距离应在50 m以上，开垄宽度≤30 cm，闭垄高度≤10 cm，起落整齐。单向犁三区套耕行走路线如图3所示。

4.2.1.5 翻后的地头整齐，耕垡笔直，百米直线度≤±4 cm，耕幅误差±2 cm，无跑犁漏翻现象，不重不漏，翻到头，翻到边，无三角区，重耕率≤2%，地头横耕整齐。

4.2.1.6 电线杆及标桩等建筑物周围翻不到位的地方必须人工挖开并整平整细。

4.2.2 机械作业要求

4.2.2.1 配套机具：大于200马力拖拉机，可配卫星导航，选用带有副铧的翻转犁。地表秸秆、残茬较多时，可选用大间距（1.2 m）翻转犁，增加大犁的通过性能，减少拖堆。

注：翻地作业前要插垡旗，打横头垡（起止线），要在未耕地头留8个作业幅宽处留3个作业幅宽的横头垡。地头有农田路的地块，地头预留宽度可适当减少，以保证拖拉机转弯方便为宜。横头垡的垡片要向外翻，入犁和起犁要以横头垡为准。到横头垡时开始入犁，出横头垡时一定要起犁。在横头垡以外不要入犁和起犁，以保证横整齐，在翻横头垡时不拖堆，保证地头翻地达到30 cm以上的深度，为地头出苗整齐打基础。

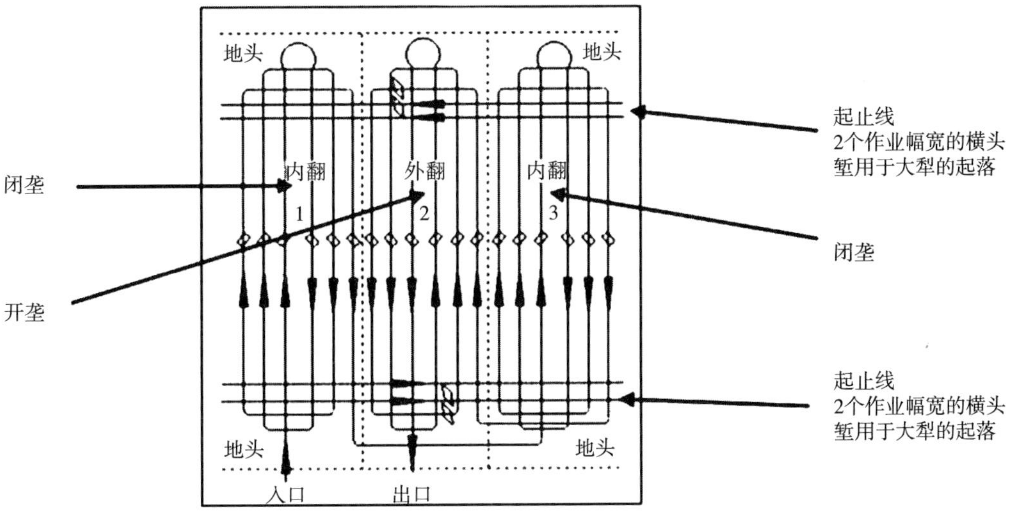

图 3　单向犁三区套耕行走路线

4.2.2.2　翻转犁翻地要在地的长边一侧进行打堑，不要在地中间开堑，以避免造成没有必要出现的开闭垄，保证地表平整。进行梭形作业，地头转“灯泡弯”，减少非作业时间。

4.2.2.3　翻转犁作业时要配备小前犁，小前犁调整到主铧耕深的 1/2，12 cm～15 cm。有小副铧翻地垡片见图 2。

注：如果是岸上犁翻地，靠犁沟一侧的拖拉机后双驱动轮的外侧轮要在犁沟内悬空轮胎宽度约 1/3，杜绝一犁一沟，达到扣垡和埋茬严密，地表平整。地块正堑翻完后翻地头，地头 8 个作业幅宽沿地边向地中间翻，垡片向外翻，地头 8 个作业幅宽翻到与横头堑重合为止，合堑沟留在地里距地边最近的第一个横头堑里（打横头堑时已耕），合堑耕深为正常耕深的 1/3。翻转犁耕地作业梭形行走路线如图 4 所示。

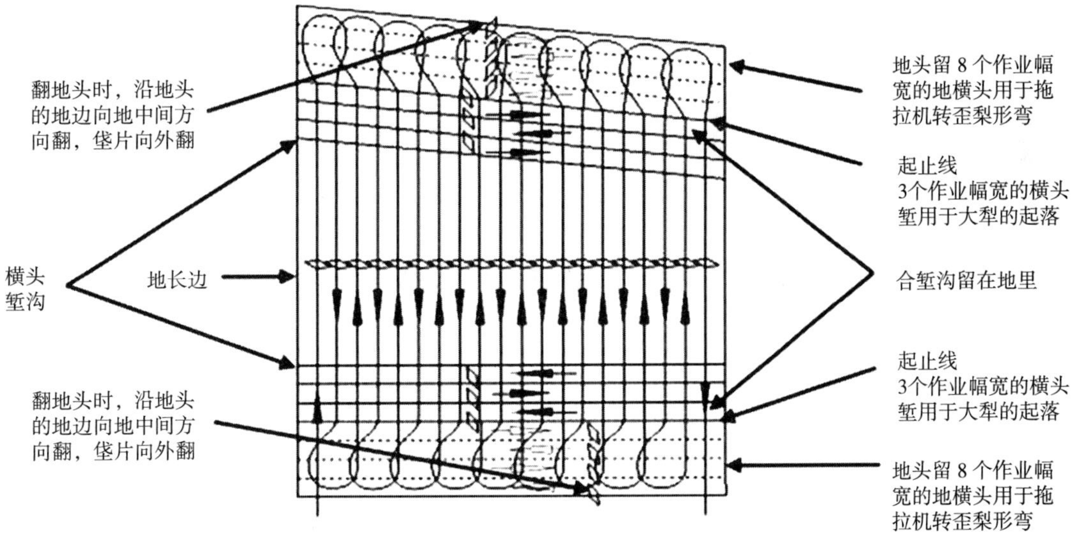

图 4　翻转犁耕地作业梭形行走路线

4.3　耢地作业

4.3.1　农艺要求与田间作业质量标准

4.3.1.1　不违误农时，适期耢平地，春季耢地在原茬地化冻 3 cm、联合整地化冻 5 cm、秋翻地化冻 8 cm 时即可作业，严禁湿耢地。

4.3.1.2　耢到地头、地边，不壅土、不拖堆，往复结合堑无明显凸台。

4.3.1.3　不漏耢，往复结合线重复≥15 cm。

4.3.1.4 地表平整,垂直于播种方向,在 10 m 宽内高低差≤5 cm。

4.3.1.5 耕后土壤细碎,每平方米直径≥5 cm 的土块不超 3 块。

4.3.2 机械作业要求

4.3.2.1 配套机具:使用 180 马力～240 马力拖拉机,宜配套卫星导航作业,原茬配置链轨或刮板耢子,垄地配置道轨耢子。

4.3.2.2 采取对角或斜向作业。

4.3.2.3 作业速度 5 km/h～6 km/h。

4.4 深松浅翻作业

4.4.1 农艺要求与田间作业质量标准

4.4.1.1 适用于土壤打破犁底层全面深松作业。

4.4.1.2 适时作业,严禁水分过大时深松浅翻作业。

4.4.1.3 作业前必须进行田间秸秆粉碎处理。

4.4.1.4 以破碎犁底层为原则,深度适宜,一般耕深为 30 cm～35 cm,深浅一致,各行深度误差≤±2 cm。地表面平整,垂直于耕幅 10 m 长度范围内地表平整度≤10 cm。地头、地边、地角不漏格,地头整齐,耕幅一致,往复耕线要准确,百米误差≤10 cm。

4.4.1.5 行距一致(垄地按垄距要求),行距误差±1 cm。

4.4.2 机械作业要求

4.4.2.1 配套机具:大于 200 马力拖拉机,宜配卫星导航系统,杆齿式深松机带双翼掌,增强碎土效果,不留生格。

4.4.2.2 作业前要打起止线,枕地线宽度为 2 个深松机作业幅宽,田边距≤1 m,确保深松质量。

4.4.2.3 整地深松作业方向应与作物播种方向呈 10°～15°,两侧距树带或田间道≤1 m,作业后圈边。

4.5 联合耕整地作业

4.5.1 农艺要求与田间作业质量标准

4.5.1.1 在耕层内土壤水分适宜的条件下进行,严禁湿整地。杆齿深度≥20 cm,同种杆齿深度一致,误差≤±2 cm。

4.5.1.2 整后地表平整,不拖堆、不出沟、不起棱,10 m 内高低差不超过±5 cm。地头起落整齐。

4.5.1.3 深松深度以打破犁底层为原则,深度适宜,主杆齿深度≥35 cm,副齐,松向直,不漏松,松到头,松到边。

4.5.1.4 灭茬耙组工作深度应在 10 cm～12 cm,合墒器工作深度 7 cm～8 cm。碎土辊碎土良好,土壤细碎,达到上实下暄效果。

4.5.2 机械作业要求

4.5.2.1 大于等于 300 马力拖拉机,可配套使用卫星导航,配备联合整地机,配套碎土辊。

4.5.2.2 联合整地入墒方向与上次深松作业方向交叉,与播种作业方向有一定夹角,一般为 10°～15°,严禁顺播种方向整地。

4.5.2.3 正式作业前首先必须在地块 2 个横头采取横向深松一个往复(2 个工作幅宽)。顺墒作业结束后,绕地一圈进行圈边。

4.5.2.4 地头、地边要整齐一致,百米直线度≤±5 cm,往复结合墒允许误差±5 cm。

4.5.2.5 各工作部件间距合理,误差±1 cm。

4.6 耙地作业

4.6.1 农艺要求与田间作业质量标准

4.6.1.1 适用于联合整地、翻地、深松后地表浅层的整地作业。

4.6.1.2 秋季适墒适时耙地,以地表有干土层、不黏耙、不出土块为准,耙后要求地表平整,土壤细碎,耙层表土疏松,严禁湿耙。

4.6.1.3 春季耙地一般在化冻6 cm时即可作业,适时适墒耙地,严禁湿耙,作业时以地表有干土层、不黏耙、不出土块为准。

4.6.1.4 耙深一致,耙透耙碎,耙后要求地表平整,不重耙、不漏耙、不拖堆,10 m内高低差≤10 cm,土壤细碎,耙层表土疏松,重耙后每平方米内≥10 cm直径土块不超过5块,中轻耙后每平方米内≥5 cm直径土块不超过5块。

4.6.1.5 耙深:轻型耙(前后圆盘)10 cm~12 cm,中型耙(前缺口后圆盘)12 cm~15 cm,重型耙(前后缺口)16 cm~20 cm,相邻耙组间耙深误差±1 cm。

4.6.2 机械作业要求

4.6.2.1 配套机具:180马力~240马力拖拉机,宜配套使用卫星导航,配套偏置式液压耙,要配套轻型榜子或碎土辊,进行复式作业。也可选用作业幅宽为4 m的动力驱动耙。根据地块的实际情况,选用偏置式中型耙、重型耙或动力驱动耙。

4.6.2.2 作业时地轮升起,耙架呈水平状态,两幅重叠为10 cm~15 cm。

4.6.2.3 耙地要合理区划,抓住有利时机,不能跑墒。

注:当土壤水分适合,需要耙2遍时,可采用二区或三区对角交叉耙。二区对角交叉耙行走路线如图5所示,三区对角交叉耙行走路线如图6所示。

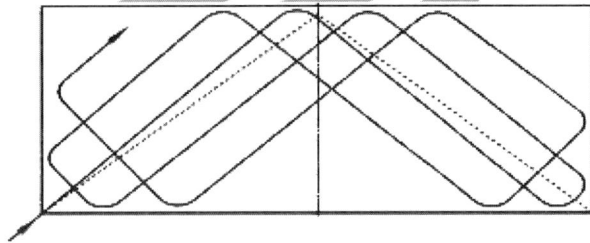

图5　二区对角交叉耙行走路线

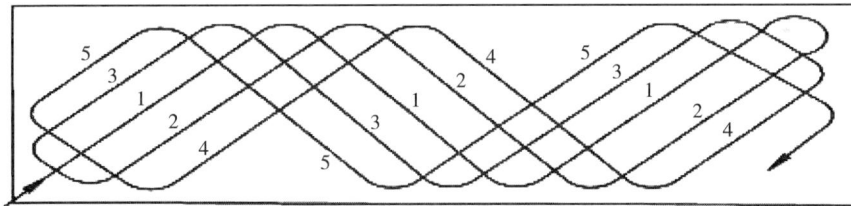

图6　三区对角交叉耙行走路线

4.6.2.4 秋季为了抢农时,湿整地出现明垡片,第1遍耙地可选用缺口重耙,耙地作业结束后必须等到地块表土见干方可进行第2遍耙地作业,严禁2遍连续耙地散墒作业。第2遍耙地作业可选用中型耙,第2遍耙地与第1遍耙地行走方向要交叉,不能同向。一区一遍对角耙第1遍行走路线如图7所示,一区一遍对角耙第2遍行走路线如图8所示。

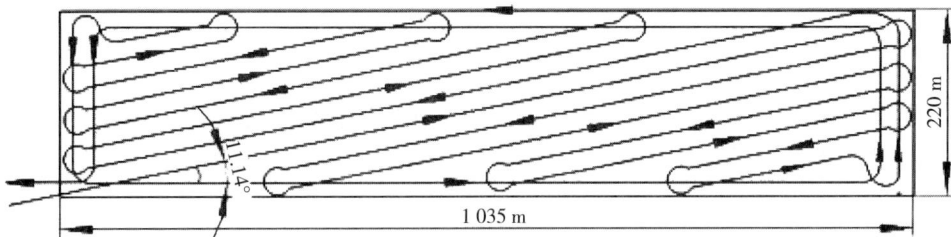

图7　一区一遍对角耙第1遍行走路线

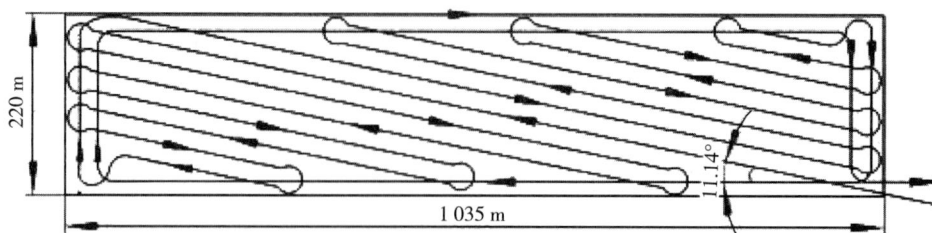

图8　一区一遍对角耙第2遍行走路线

4.6.2.5　土壤黏重、水分大、翻地作业后,出现明垡片不能耙碎的地块,可选用动力驱动耙,在土壤水分适宜时,进行碎土作业,耙深≥15 cm,行走方向可与翻地同向,顺垡碎土结束后,在地头进行横向作业一个往复(2个作业幅宽),作业1遍就可达到起垄要求。应用卫星导航,动力驱动耙耙地可用梭形行走路线,也可用套耙行走路线(图9)。

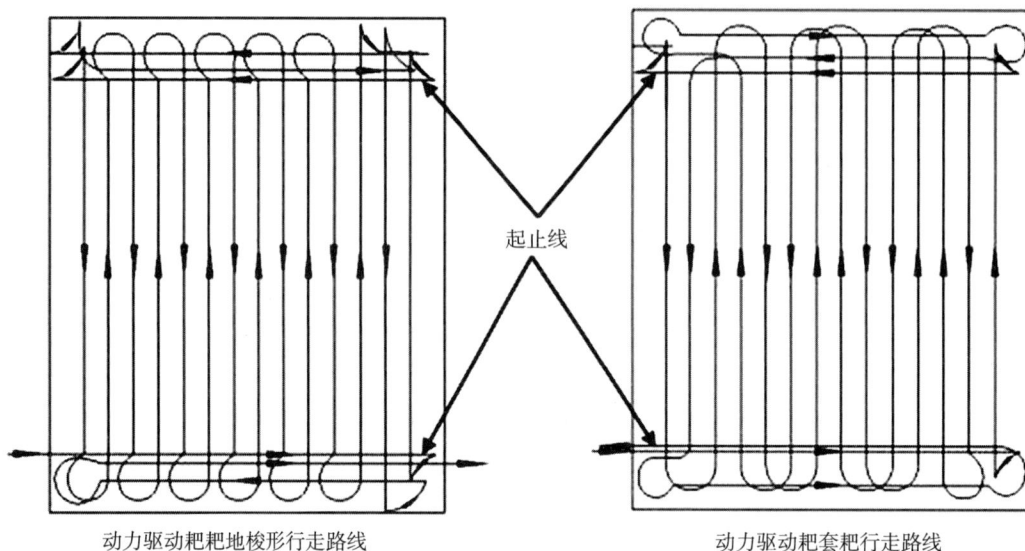

图9　动力驱动耙耙地行走路线

4.7　耙茬作业

4.7.1　农艺要求与田间作业质量标准

4.7.1.1　耙茬适用于前茬深翻或深松基础的大豆、小麦茬的土壤浅层耕作。

4.7.1.2　耙茬作业在作物收获后进行,封冻前结束。春耙茬在解冻达到耙深和水分适宜情况下进行,为保墒,可耙地、起垄、播种和镇压连续作业。

4.7.1.3　耙深应达到14 cm~16 cm。

4.7.1.4　碎土良好,耙后耕层内无大土块及空隙,每平方米耙层内≥5 cm的土块不超过5个。耙碎残茬细碎程度以不影响播种质量为准。

4.7.1.5　耙后地表平整,沿播种垂直方向在4 m的地面上,高低差≤5 cm。

4.7.1.6　不漏耙、不拖堆,相邻作业幅重叠量≤15 cm。

4.7.2　机械作业要求

4.7.2.1　配套机具:180马力~240马力拖拉机,宜配套使用卫星导航,配套偏置式液压耙,要配轻型耢子或碎土辊,进行复式作业。根据地块的实际情况,选用偏置式中型耙或重型耙来达到农艺要求的作业质量。

4.7.2.2　作业时地轮升起,耙架呈水平状态,作业速度≥8 km/h,两幅结合线重叠为10 cm~15 cm。

注:不同条件的区域,选择不同耙法,但要与耕向有一个角度,以保证作业质量。第1遍地可选用缺口重耙,耙地作业结束后必须等到地块表土见干方可进行第2遍地作业,严禁2遍连续耙地散墒作业。第2遍耙地作业可选用中型耙,

第2遍耙地与第1遍耙地行走方向要交叉,不能同向。行走路线如图7、图8所示。

4.8 耕耢作业

4.8.1 农艺要求与田间作业质量标准

4.8.1.1 适用于茬地和翻地后地表浅层的整地作业。

4.8.1.2 适墒适时耕地,搅动、打碎土壤深度应达到10 cm～15 cm,耕深误差±1 cm,严禁湿耕。

4.8.1.3 使用卫星导航,不重耕、不漏耕,地头、地边要整齐一致,百米直线度≤±4 cm。往复结合垄允许误差±2 cm。

4.8.1.4 配碎土辊,耕碎复式作业,碎土良好,作业后的土壤上实下松,有利于蓄水保墒和防止水土流失。整后地表平整,不拖堆、不出沟、不起棱,10 m内高低差±5 cm。土壤墒情合适,一遍可完成种床整理,达到播种状态。

4.8.2 机械作业要求

4.8.2.1 配套机具:大于等于300马力拖拉机,耕耢机配套碎土辊,使用卫星导航作业。

4.8.2.2 各工作部件间距合理,间距误差±1 cm。

4.8.2.3 耕地时作业方向与播种方向要有一定夹角,严禁顺耕,一般可采用1遍对角作业。斜耕完毕后绕地边作业1圈,地头耕2遍。行走路线可参照图7、图8所示。

4.9 起垄作业

4.9.1 农艺要求与田间作业质量标准

4.9.1.1 不误农时适时秋起垄,春季要顶浆起垄。

4.9.1.2 垄高一致,镇压后垄高18 cm～20 cm,各垄高度误差±2 cm;垄距相等,垄距误差±2 cm;垄距110 cm,垄台台面宽为65 cm～70 cm,如图10所示;垄距130(136)cm,垄台台面宽为85 cm～90 cm,如图11所示;垄距65 cm,垄台台面宽为35 cm～40 cm,如图12所示。

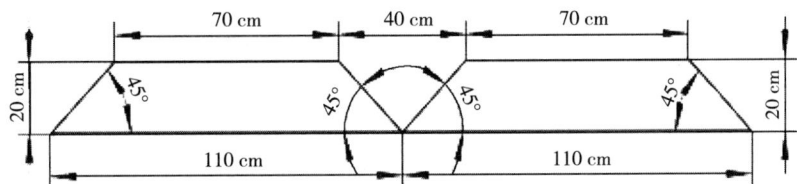

图10 起110 cm大垄镇压后标准

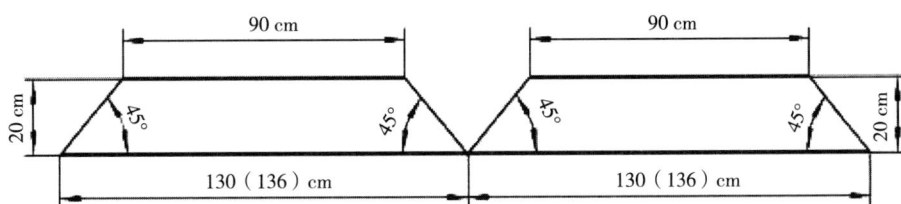

图11 起130(136)cm大垄镇压后标准

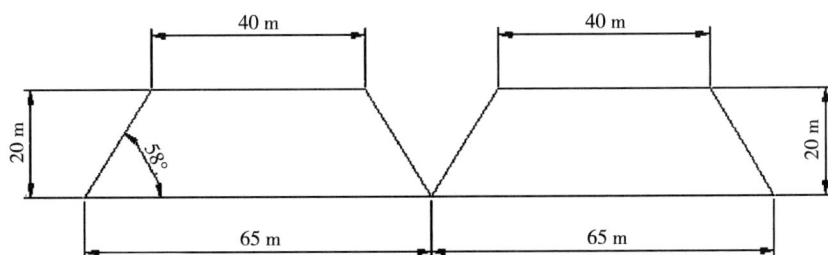

图12 起65 cm小垄镇压后标准

4.9.1.3 使用卫星导航,百米直线度≤±4 cm。往复结合垄允许误差±3 cm。

4.9.1.4 地头、地边要整齐一致,不拖堆,垄体饱满,垄面整体平整,不出现凹心垄,垄上无大块明条。地头整齐,地头误差≤30 cm。

4.9.1.5 按农艺要求,垄形整齐,不起垡块,不出现开口垄,到头到边。

4.9.2 机械作业要求

4.9.2.1 配套机具:120马力~240马力拖拉机,拖拉机必须配套卫星导航,可根据农艺要求、当地气候土壤条件与拖拉机轮距相匹配,选用0.65 m、1.1 m、1.3 m或1.36 m大(小)垄起垄机,配有大(小)垄整形器,镇压装置,垄沟要有深松杆尺。

4.9.2.2 起垄要打起止线,确保起落整齐。

4.9.2.3 作业速度为7 km/h~9 km/h。

4.10 镇压作业

4.10.1 农艺要求与田间作业质量标准

4.10.1.1 适用于播前的平地镇压和垄上镇压,以及小麦播种后的镇压。

4.10.1.2 垄地镇压掌握作业时机,适墒镇压,垄台压实均匀,不破坏垄形,达到封墒、提墒、保墒效果。

4.10.2 机械作业要求

4.10.2.1 配套机具:90马力~120马力轮式拖拉机,配套大V形镇压器,压空垄可加装铁链、耢子等附属装置。

4.10.2.2 采用套压作业方法,地头转弯不宜过小,禁止梭形作业,相邻工作幅重压宽度≥30 cm。

4.10.2.3 播后适时镇压,地表要有1 cm干土层,禁止湿压;压到头、压到边、不漏压、不偏压、不漏籽。

4.10.2.4 匀速作业,作业速度≤6 km/h。

4.11 大垄深施肥作业

4.11.1 农艺要求与田间作业质量标准

4.11.1.1 适用春季或秋季大垄施肥。

4.11.1.2 大豆施肥:大垄垄上三行种植模式(采用垄上三行施肥机),苗带行距23 cm;两侧肥带距苗带内侧2 cm,中间肥带距中间苗带任一侧2 cm,第1层为种下(9±1)cm;第2层为种下(13±1)cm。

4.11.1.3 玉米施肥:大垄垄上双行种植模式,2个施肥带距苗带内侧2 cm;第1层为垄下(11±1)cm;第2层为垄下(17±1)cm。分层定量施肥,用量准确,各口施肥量误差≤±2%,肥带宽度≥3 cm,深度一致、覆土严密,无漏施和断条,土壤镇压覆盖率达到100%。

4.11.1.4 施肥行距一致,误差≤±1 cm。

4.11.2 机械作业要求

配套机具:120马力~240马力拖拉机,须配套卫星导航,配套分层定位定量施肥机,配有施肥电子监控器,可配备双轴肥箱,配有大垄整形器,圆盘式和背式弯刀前后两套施肥器,轨迹松土器。匀速作业,速度≤8 km/h。

5 旱田播种技术

5.1 大豆、玉米播种作业

5.1.1 农艺要求与田间作业质量标准

5.1.1.1 适用大豆、玉米垄上精量播种。根据品种、本地区气温和土壤水分情况确定播期,当地土壤5 cm耕层内连续5 d地温稳定通过5℃时开始播种,抢抓农时,适时早播。

5.1.1.2 1.1 m大垄大豆播种3行,玉米播种2行;1.3(1.36)m大垄大豆播种4行,玉米播种2行;0.65 m小垄大豆播种2行,玉米播种1行;行距按本地区农艺要求和播种机械性能执行。

5.1.1.3 各行种、肥深度一致,种、肥定位准确,大豆、玉米播种镇压后深度为3 cm~5 cm;大豆在行间施肥,玉米在种侧施肥,肥施种侧5 cm,施肥深度8 cm~10 cm。

5.1.1.4 种子分布均匀,垄距、行距相等,误差±1 cm,结合线误差≤±3 cm。玉米可选择"拐子苗"分布;大豆中间行可根据农艺要求,降低播种量。不漏播、不断条,漏播率≤1%,垄向笔直,地头、地边要整齐一致,误差≤20 cm,地头宽度≤6 m。

5.1.1.5 覆土均匀、深度适宜,播后及时适度镇压,不破坏垄形,不起垡块,不出现开口垄。

5.1.2 机械作业要求

5.1.2.1 配套机具:选用与大垄垄距相匹配的120马力~240马力拖拉机,配套气吸、气吹式或智能电控精量播种机,配有排肥、排种电子监控系统,大马力拖拉机组要配备轨迹松土器。

5.1.2.2 匀速作业,不无故停车。地轮传动的精量种机播种作业速度6 km/h~8 km/h,智能电控精量播种机作业速度≥12 km/h。

5.1.2.3 播量精确,实际播量与计划播量允许误差0.5%;肥量准确,实际施量与计划施量误差不超过2%。

5.1.2.4 气吸式播种机组起步时,要转动排种传动地轮,使排种盘吸满种子后方可起步。

5.2 小麦播种作业

5.2.1 农艺要求与田间作业质量标准

5.2.1.1 播种期:一般采用春季化冻后,东部地区土壤化冻达3 cm深度,北部地区土壤化冻达到5 cm~6 cm深度,西部地区化冻达7 cm~8 cm深度时,及时播种。具体是东部地区于3月底至4月初播种,北部和西部麦区适合播期应在4月10日~20日。

5.2.1.2 西部地区播后需镇压2次,西部及北部地区镇压后播深为4 cm~5 cm,东部地区镇压后的播深为3 cm~4 cm。匀速作业,播种深浅一致,覆土均匀,无漏播、断播、重播。种肥施在种下3 cm~5 cm土层内,秋季深施底肥,深度12 cm。

5.2.1.3 播种单口流量差≤1%,实际播量与计划播量误差≤2%。肥料单口流量差≤3%,实际播量与计划播量误差≤5%。

5.2.1.4 使用卫星导航作业,播行百米直线度≤±2.5 cm,往复结合垄≤±2.5 cm,行距一致,误差≤1 cm,覆土严密,播后及时镇压,漏播率≤1%。地头、地边要整齐一致,误差≤20 cm,地头宽度≤6 m。

5.2.2 机械作业要求

5.2.2.1 配套机具:120马力~240马力拖拉机,须配备卫星导航,配套小麦通用播种机,轨迹松土器,两道覆土链。

5.2.2.2 播前用耕耘机或轻耙整理种床,采用10 cm行距或15 cm行距模式,适期播种。

5.2.2.3 匀速作业,播种速度6 km/h~8 km/h。

5.2.2.4 播深一致,播量准确、不断条、不重、不漏,播到头、播到边,覆土严密,播后及时镇压。

5.3 马铃薯播种作业

5.3.1 农艺要求与田间作业质量标准

5.3.1.1 播期:10 cm土层平均地温稳定在7 ℃以上时开始播种,最佳播种时期南部地区为4月下旬,北部地区为5月上旬。

5.3.1.2 选择90 cm或110 cm的大垄,垄高20 cm~25 cm。

5.3.1.3 垄体正中开8 cm~10 cm的深沟施肥,播种深度可根据土壤类型、墒情等情况适当调整播种深度。一般年份,播种深度为8 cm~10 cm;土壤湿度过大时,播种深度为6 cm~8 cm;干旱年份播种深度为10 cm~12 cm。

5.3.1.4 肥料断条率≤3%,空穴率≤3%,种薯破碎率≤2%。

5.3.2 机械作业要求

5.3.2.1 配套机具:大于200马力拖拉机,须配备卫星导航作业,配套勺式排种器的马铃薯播种机,要求开点播沟、施肥、点种、合垄、镇压作业一次完成。

5.3.2.2 播种速度控制在4 km/h以下,匀速作业。

6 田间管理

6.1 中耕作业(大豆、玉米和马铃薯)

6.1.1 农艺要求与田间作业质量标准

各行距要一致,偏差≤1 cm。锄齿深度要达到规定要求,其深度误差≤1 cm,沟底要平,地表土壤松碎,垄沟要有 5 cm 的坐犁土。中耕时不伤苗、不埋苗,埋苗率≤1%,伤苗率≤3%,地头保苗率不低于90%。

6.1.1.1 第 1 遍中耕(深松放寒)

a) 大豆、玉米第 1 遍中耕应尽早开展,在能确定苗眼位置时,以进行垄沟或行间深松作业为宜,也可以在出苗前进行盲松,第 1 遍深松放寒作业宜早不宜迟。

注:第 1 遍中耕深松可根据田间的实际情况,垄沟可采用单杆尺或多杆尺进行深松。工作深度要前浅后深,前杆尺入土深度 18 cm~20 cm,后杆尺入土深度≥30 cm,同排杆尺入土深浅一致,误差±1 cm。各地可根据土壤条件和秸秆量情况,适当调整杆尺入土深度。西部地区深松杆"鸭掌铲"宽度 6 cm~8 cm。

b) 马铃薯苗出齐后进行第一次中耕,要深松放寒,一般培土厚度 3 cm。

6.1.1.2 第 2 遍中耕(浅培土)

a) 一般提倡 2 遍~3 遍中耕作业。大豆第 2 遍中耕在分枝期进行扶垄培土,覆土深度 3 cm~4 cm,沟里要留有 5 cm 的坐犁土。

b) 玉米在 2 片~3 片展叶期进行第 2 遍中耕培土、除草。中耕机可视条件决定是否配备覆土铧,覆土深度 3 cm~4 cm,垄沟里要留有 5 cm 的坐犁土。

c) 马铃薯发棵期时进行第 2 遍中耕,培土厚度 3 cm~5 cm,要求培土严密,沟里要留有 5 cm 的坐犁土。动力中耕作业,一定要把动力中耕的整型板摘掉,以免刮伤植株。

6.1.1.3 第 3 遍中耕(追肥培土)

a) 西部地区大豆第 3 遍中耕在花期进行,务必在封垄前结束,以防过晚伤根,造成伤苗、大豆损叶落花。

b) 玉米在 5 片~6 片展叶期结合追肥进行第 3 遍中耕,施肥在苗侧 15 cm~20 cm,深度 10 cm~12 cm,垄台要有碰头土,地表不漏肥。

c) 马铃薯追肥结合第 3 遍中耕进行,在马铃薯初花期时(封垄前 1 周)进行追肥中耕培土。

6.1.2 机械作业要求

6.1.2.1 大豆、玉米中耕配套机具:120 马力~240 马力轮式拖拉机,配套多杆齿中耕机。马铃薯中耕配套机具大于等于 200 马力拖拉机,配套动力中耕上土起垄机进行作业。根据作物生长状态,作业土壤选择不同型式的锄铲。

6.1.2.2 第 1 遍中耕,为减少拖堆和埋苗现象发生,提高机械作业效率,中耕机深松杆齿后必须装配护苗器,护苗带宽度为 6 cm~8 cm。根据地表和耕层中秸秆数量多少及土壤墒情的实际情况,中耕深松机深松杆齿前可带有前置圆盘切刀或圆盘清障装置,深松钩后可改装配备碎土装置,有利于保墒。前茬为玉米茬地表和耕层里秸秆量较大时,为减少拖堆伤苗和埋苗,每个垄沟可只用 1 个大杆齿,大杆齿前要安装缺口圆盘切刀,大杆齿后侧位置要安装护苗器,如图 13 所示。

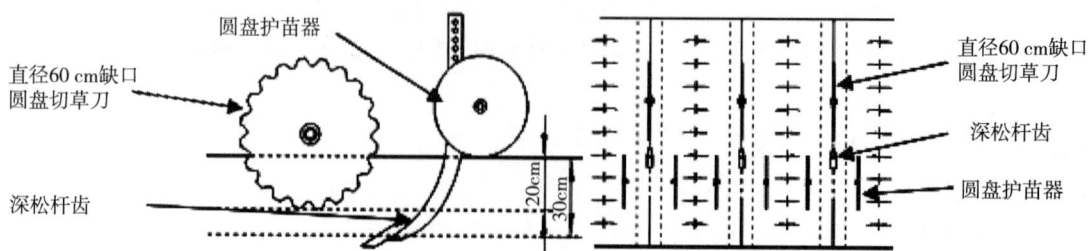

图 13 带有圆盘切草刀、护苗器深松作业

6.1.2.3 第 2 遍中耕,杆齿要安装小"鸭掌铲",带有可控制分土量的分土装置。

6.1.2.4 第 3 遍中耕追肥机要安装排肥监测系统和施肥开沟器,后培土杆齿要安装"鸭掌铲",配有可靠的分土装置,以保证埋肥严密。

6.2 喷雾作业

6.2.1 农艺要求与田间作业质量标准

6.2.1.1 适用于作物的化学除草、病虫防治及叶面喷洒微肥、生长调节剂等田间机械喷雾作业。

6.2.1.2 喷药要适时,作业时要选择阴天或晴朗无风天气,能见度≥5 km,风速 4 m/s(三级风)以上时严禁作业,12 h 后有大雨时不可以进行茎叶处理,以免影响除草效果,同时注意风向,从下风头开始作业,避免药液飘移,危害邻近作物。喷洒易挥发和苗后除草剂时,一般 10:00～16:00 不宜作业。

6.2.1.3 区间规划合理,留好枕地线和加药区,打堑旗,划出安全区。

6.2.1.4 苗带喷药时,喷幅宽度不应小于垄台宽度的 3/4。

6.2.1.5 喷洒苗前除草剂,要求雾滴直径 300μm～400μm、喷洒密度 30 个/cm²～40 个/cm²。喷液量 180 L/hm²～200 L/hm²。

6.2.1.6 喷洒苗后除草剂要求喷洒雾滴直径为 250μm～400μm,喷洒内吸性农药雾滴密度 30 个/cm²～40 个/cm²,喷洒触杀性农药雾滴密度 50 个/cm²～70 个/cm²。喷杆喷雾机喷洒苗后除草剂喷液量为 100 L/hm²～120 L/hm²。

6.2.1.7 施药量应按农艺要求确定,配比度做到定点定量,往复核对,地块结清。要求喷药量与计划误差≤2%,各喷嘴间药量误差≤1%;做到喷洒均匀,雾化良好,不伤苗,不重喷、不漏喷。

6.2.2 机械作业要求

6.2.2.1 使用卫星导航,百米直线度≤±2.5 cm,往复结合堑允许误差±2.5 cm。为确保单位面积喷药量恒定,实现精确施药,喷药机应配有智能喷雾控制系统,装配防后滴喷头,地头拐弯或加药时,喷头滴漏≤3 滴。

6.3 防风喷嘴

6.3.1 喷液压力在 0.3MPa 时,相对标准扇形喷嘴,低飘移喷嘴喷出雾滴比标准扇形喷嘴大,微飘移喷嘴喷出雾滴比低飘移喷嘴大。因此,具有一定的抗风飘移能力,低飘移和微飘移喷嘴喷液量变化不大。根据作业实际情况,可选择防风喷嘴,有条件的可选择带有风幕的喷药机。

6.3.1.1 喷洒苗前除草剂,拖拉机配套喷杆喷雾机选用 11003 型、11004 型扇形喷嘴,配 50 筛目柱形防后滴过滤器,喷雾压力 0.2 MPa～0.3MPa,喷嘴距地面高度 40 cm～60 cm,喷嘴喷雾扇面与喷杆要成 5°～10°夹角,匀速作业,作业速度 6 km/h～8 km/h。

6.3.1.2 苗期除草喷嘴距作物顶端高度 40 cm～50 cm,喷杆喷雾机喷洒苗后除草剂选用 80015 型扇形喷嘴,配 1 000 筛目柱形防后滴过滤器,压力 0.3 MPa～0.4MPa。100 马力以上自走喷雾机选用 11002 型扇形喷嘴,配 500 筛目柱形防后滴过滤器,压力 0.4 MPa～0.5MPa,匀速作业,作业速度 10 km/h～16 km/h(图 14)。

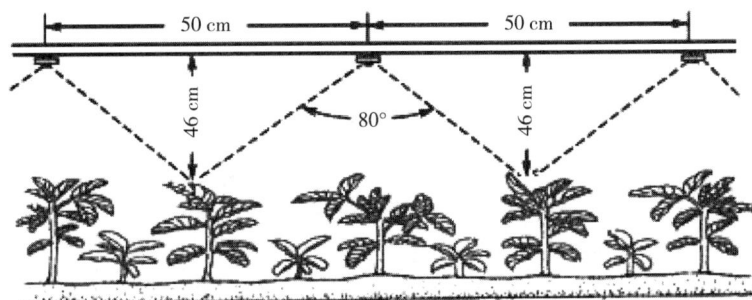

图 14 苗后喷雾喷嘴高度调整(应从作物的顶端算起)

6.3.1.3 药剂配制,配制药液前应准备好 2 只药桶供配制母液用。配制母液时如用可湿性粉剂,可先在桶中加入少量水,边搅拌,边加药,切不可一次加药过多,否则不易搅拌均匀。配制乳剂母液应边加药边搅拌。药箱加药时,要先在药箱中加入一半清水,然后加入配制好的母液,再加满清水。可湿性粉剂与乳剂混用时,可在 2 个药桶中分别配制母液。如在一个桶中配制,要先加可湿性粉剂,待可湿性粉剂搅拌均匀后再加乳剂进行搅拌,待完全均匀后再加入药箱。药剂配制步骤如图 15 所示。

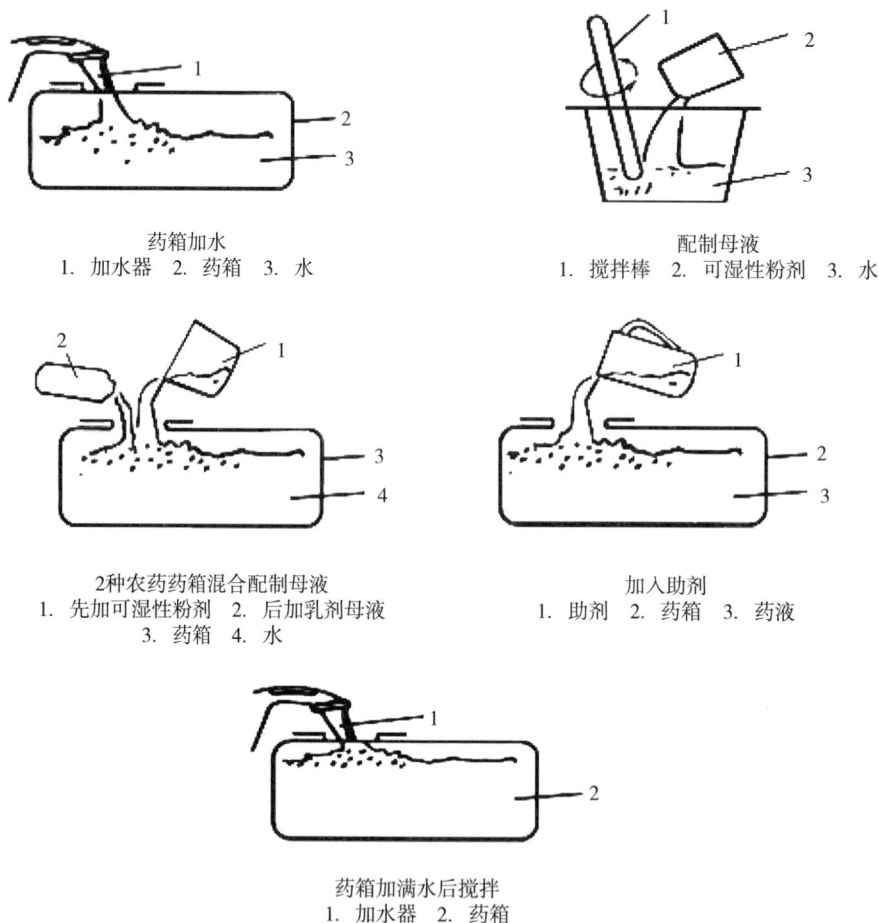

药箱加水
1. 加水器　2. 药箱　3. 水

配制母液
1. 搅拌棒　2. 可湿性粉剂　3. 水

2种农药药箱混合配制母液
1. 先加可湿性粉剂　2. 后加乳剂母液
3. 药箱　4. 水

加入助剂
1. 助剂　2. 药箱　3. 药液

药箱加满水后搅拌
1. 加水器　2. 药箱

图 15　药剂配制步骤

6.3.1.4 药液加入药箱后,应进行回水搅拌 3 min～5 min,搅拌均匀后再进行作业,作业时要先给动力,泵压稳定后再起步作业。

6.3.1.5 作业前要进行喷头流量试验,以保证喷洒均匀,喷量准确,流量误差≤3%。

6.3.1.6 在种植麦类作物地块喷雾作业时喷嘴分布示意图(图 16),配有卫星导航系统,作业时保证不重、不漏,重漏面积≤3%。喷嘴间距为 50 cm,喷嘴喷雾扇面与喷杆要呈 5°～10°夹角(图 17)。

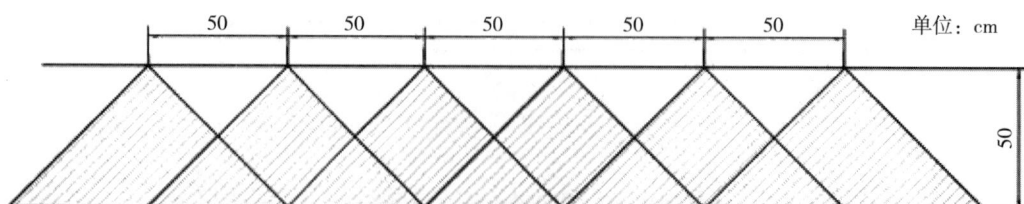

图 16　麦类作物全田喷喷雾喷嘴分布

6.3.1.7 作业时农机手要随时注意喷头工作情况,观察喷雾质量和喷雾压力的变化,如喷雾质量和压力不稳定,应及时检查排除。发现喷头堵塞,应停止喷雾,清洗喷嘴和滤网,重新装配后方可继续工作。

6.3.1.8 作业人员要配备防药害用具,制定严格防护措施。

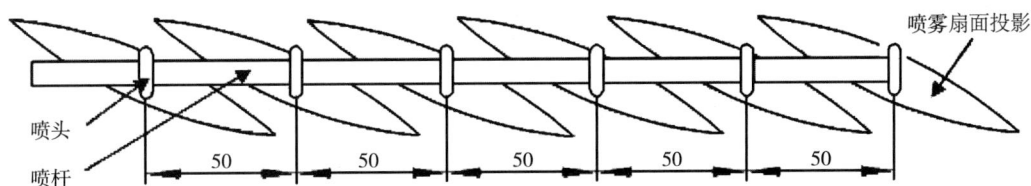

图 17 喷嘴喷雾扇面与喷杆要呈 5°～10°夹角投影

6.4 喷灌作业

6.4.1 农艺要求与田间作业质量标准

6.4.1.1 喷灌机在风速 4 m/s(三级风)以上时不宜进行喷灌作业。

6.4.1.2 喷头雾化良好,水滴直径在 0.1 cm～0.35 cm。

6.4.1.3 喷洒均匀,均匀度不低于 85%。

6.4.1.4 喷洒地面不产生明显径流,降水量大小适土地情况而定,沙土地可一次喷水量达到 20 mm。

6.4.1.5 不漏喷、喷头间纵横方向无漏喷,喷洒量重复度 100 cm～200 cm。

6.4.2 机械作业要求

6.4.2.1 供水和停水时,应缓慢开启和关闭阀门或给水栓。

6.4.2.2 运行中必须经常监视工作状况,并应符合下列要求:管道首端压力在设计要求范围内;仪器仪表指示正确;转动部件运转平稳,无异常声音;紧固件无松动;密封处无泄漏;灌水器工作正常。

6.4.2.3 中心支轴式和平移式喷灌机在作业时,各塔架车必须基本保持在一条直线上前进。作业开始前,应先喷水后行走;作业结束时,应先停止喷水,继续前进 10 m～20 m。

6.4.2.4 发现故障应及时排除,严禁强行运行。

6.4.2.5 作业完毕,应排除管内余水,以电为动力的应切断电源。

6.4.2.6 施用液肥、化学制剂后,应对管道进行清洗。长时间停歇时,除应按规定进行保养、维修外,还应符合下列要求:冲洗管道、阀件,清除泥沙、污物;排净水泵及管内的积水;清除行走部位的泥土、杂草;对易锈蚀部位进行防锈处理。

6.4.2.7 拖移时应有专人指挥,喷灌机应停放在拖移路线上,行走轮应调整成拖移状态。牵引钢丝绳必须按规定要求连接、调整和紧固。拖移速度≤3 km/h。

6.4.2.8 气温低于 4 ℃时,严禁喷灌作业。

7 收获作业

7.1 大豆收获作业

7.1.1 农艺要求与田间作业质量标准

7.1.1.1 适时收获,在大豆籽粒归圆呈本品种色泽,含水量 14%～16%时,用带有挠性割台的联合收割机进行直收。

7.1.1.2 割茬高度以不留底荚为准,一般为 3 cm～5 cm。

7.1.1.3 直收不漏割,喂入均匀。

7.1.1.4 要根据作物干湿程度,在早、中、晚调整滚筒间隙和转速,收获综合损失率≤2%、破碎率≤3%、泥花脸≤3%、清洁率≥97%。

7.1.1.5 秸秆抛撒均匀,不积堆。秸秆还田切碎长度≤10 cm,抛撒宽度不应低于割辐宽度的 95%。

7.1.2 机械作业要求

7.1.2.1 谷物联合收获机配有秸秆粉碎装置,选配大豆挠性割台,大豆割台安装挡泥板及防飞溅网。

7.1.2.2 收获大豆时,首先在地头横向收割 2 个作业幅宽,用于转弯。匀速作业,作业速度≤8 km/h。

7.1.2.3 宜在地头卸粮,避免运粮车压实耕地,破坏土壤结构。

7.2 玉米收获作业

7.2.1 农艺要求与田间作业质量标准

7.2.1.1 适时收获,玉米生理成熟,包叶变黄、松散,玉米籽粒水分＞30％时,可进行机械摘棒作业;玉米籽粒水分≤30％时,可直接收获。

7.2.1.2 机械摘棒脱皮率≥97％,脱粒清洁率≥97％,籽粒破碎率≤1％,果穗含杂率≤1％,综合损失率≤3％。

7.2.1.3 籽粒直收脱粒清洁率≥97％,籽粒破碎率≤5％,籽粒含杂率≤3％,综合损失率≤3％。

7.2.1.4 秸秆粉碎还田或打捆回收。割茬高度≤20 cm,秸秆还田切碎长度≤10 cm,抛撒宽度不应低于割副宽度的95％。

7.2.2 机械作业要求

7.2.2.1 玉米联合收获机割台配底刀,带秸秆粉碎抛撒装置,湿涝地块配套防陷车装置,根据玉米的倒伏情况,可配备扶倒器。

7.2.2.2 在收获玉米时,首先在地头横向收割2个作业幅宽的区域,用于转弯。玉米收获梭形行走路线如图18所示。

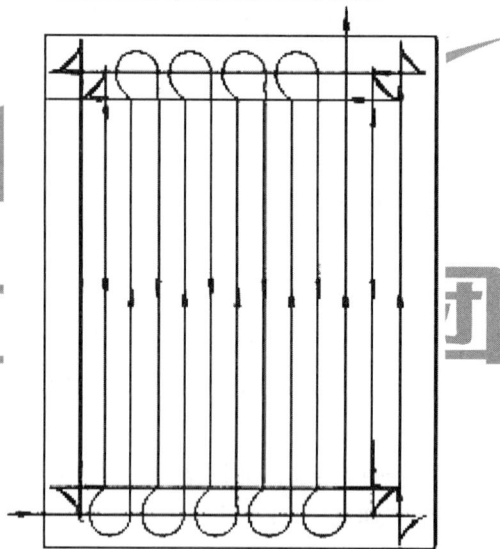

图18 玉米收获梭形行走路线

7.2.2.3 宜在地头卸粮,避免运粮车压实耕地,破坏土壤结构。

7.3 马铃薯收获作业

7.3.1 农艺要求与田间作业质量标准

7.3.1.1 马铃薯生理成熟,植株多数叶片开始枯黄,便可以进行机械收获。

7.3.1.2 挖净率≥98％,明薯率≥97％,伤薯率≤3％。

7.3.2 机械作业要求

7.3.2.1 自走式马铃薯收获机或牵引式马铃薯收获机,根据需要可配备链式捡拾机。

7.3.2.2 机械杀秧:收获前2 d～5 d杀秧,杀秧时要求机械打掉垄上表土2 cm～3 cm,割茬1 cm为宜,以不伤马铃薯块茎为原则。

7.3.2.3 土壤含水量≤25％时,可以直接联合收获。土壤含水量≥25％时,先将马铃薯起收至垄上,通过5 h～10 h的晾晒,进行捡拾收获。

7.3.2.4 马铃薯收获机挖掘深度≥20 cm,作业速度≤5 km/h。

7.4 小麦收获作业

7.4.1 割晒作业

7.4.1.1 农艺要求与田间作业质量标准

a) 适时割晒,一般在蜡熟初期打道试割,中期大面积割晒。

b) 割茬高度15 cm~22 cm。

c) 蜡熟初期:放铺厚度10 cm~12 cm;蜡熟中后期:放铺厚度10 cm。放铺宽度1.2 m~1.5 m。

d) 铺行要直,地头整齐,行距相等。放鱼鳞铺,不塌铺。

e) 无田间道的地头要横割两幅。

f) 作业速度要匀速,铺均匀、不断条、不集堆、不漏割、不掉穗、不塌铺、不压铺,不许把铺放在行走轮和链轨道上,割晒损失≤0.5%。

7.4.1.2 机械作业要求

a) 自走式割晒机或悬挂式、牵引式割晒机,装配散铺器。土壤水分过大,使用履带式割晒机为宜。

b) 匀速作业,作业速度≤8 km/h。

7.4.2 拾禾、直收作业

7.4.2.1 农艺要求与田间作业质量标准

a) 小麦籽粒含水量降至18%以下时应及时拾禾,直接收获在完熟初期进行。

b) 作业时要做到不漏粮、不跑粮、不裹粮、不撒粮。小麦脱净率≥99%,籽粒破碎率≤0.5%,粮食清洁率≥97%,综合损失率≤3%。

c) 秸秆切碎长度≤10 cm,抛撒宽度不应小于割幅95%,并抛撒均匀。

d) 直收打好横头,垄长≥2 000 m时要打卸粮道,拾禾留好枕地。直收不漏割,地头不出现三角区,拾禾不掉穗、不集堆、喂入均匀。

e) 早、中、晚作业时,要根据作物干湿及时调整滚筒间隙和转速,作业速度早、晚要慢,中午可适当加快。

7.4.2.2 机械作业要求

a) 谷物联合收割机,拾禾根据铺子的宽度选配带式拾禾台。直接收获选用稻麦刚性割台或挠性割台,湿涝地块配套防陷车装置。

b) 匀速作业,作业速度≤8 km/h。

参考文献

［1］GB 3100—3102　国际单位制及其应用

［2］NY/T 500　秸秆粉碎还田机　作业质量

［3］NY/T 2845　深松机　作业质量

［4］DB23/T 2349　农用卫星平地机　作业质量评价规范

［5］DB23/T 2351　起垄机　作业质量评价规范

［6］DB23/T 2363　镇压器　作业质量评价规范

［7］张兴茹,王树朋.秋整地作业应该把握的要点[J].农机使用与维修,2019(7):96

［8］于影,于振波.秋整地作业标准及关键环节[J].农民致富之友,2019(5):102

［9］丁颜真.旱田农作物的田间管理机械化作业[J].农机使用与维修,2012(2):120

［10］柳玉新.旱田机械化药剂除草注意事项[J].湖北农机化,2009(5):53

《北大荒旱田农机田间作业质量规范》编制说明

本标准编写组

一、工作简况

（一）任务来源

北大荒农垦集团有限公司主要农作物种植标准体系制定任务。

（二）协作单位

项目主持单位：黑龙江农垦农业机械试验鉴定站。

项目协作单位：北大荒农垦集团有限公司、黑龙江农垦职业学院、北大荒农垦集团有限公司北安分公司、北大荒农垦集团有限公司九三分公司、北大荒农业股份宝泉岭分公司、黑龙江北大荒农垦集团建设农场有限公司。

（三）主要工作过程

项目下达后，按照项目任务书的要求，项目主持单位积极组织技术骨干成立标准起草工作组，研究和制订了标准编制工作方案，并按照地方标准制修订要求展开标准制定工作。

1. 成立标准起草工作组，制订工作方案，启动标准项目

2019 年 3 月至 2019 年 6 月，依照项目申请书的内容，联合协作单位，组织技术骨干成立了标准起草工作组。工作组成员均有较丰富的专业知识和实践经验，熟悉业务，了解标准化工作的相关规定并具有较强的文字表达能力。项目主持人制订工作计划，明确了内部分工及进度要求，责任落实到人。

2. 调查研究，收集资料，撰写标准征求意见初稿

2019 年 7 月至 2020 年 7 月，标准起草人员调研、收集资料，分析、整理已有标准内容，与各分公司技术人员交流在实际田间作业中具体的作业质量规程，起草了标准征求意见初稿。

3. 发放征求意见稿并汇总研究反馈意见

2020 年 8 月，起草工作组对标准征求意见初稿的整体结构及关键性技术指标进行了充分讨论，标准主持人依照讨论意见形成了征求意见稿。起草工作组广泛征求专家意见，形成了最终的标准征求意见稿。

4. 反复讨论，完善标准送审稿

2020 年 9 月，起草组将标准征求意见稿发给省内的 23 个单位进行意见征求工作。截至 2020 年 10 月，共收到 9 个单位的反馈信息，其中建议或意见共 59 条。起草组高度重视收集到的意见建议，逐条进行了认真研究，并与意见反馈人员进行了有效沟通，吸收了合理化建议，形成标准的征求意见汇总表。

5. 多次验证，反复讨论，完善标准送审稿

标准起草组本着科学、严谨的态度，分别于 2020 年 8 月 7 日和 2020 年 8 月 15 日两次对标准的送审稿进行讨论，并于 2020 年 10 月完成了标准送审稿的终稿，同期完成了标准编制说明等全套送审材料。

6. 参加标准审定会，完成校准报批稿

北大荒农垦集团有限公司于 2020 年 10 月 15 日召开标准审定会，全体参会委员对标准送审稿及其相关材料进行全面审查，提出修改意见和建议，评审结论为一致通过并同意按此意见修改后上报审批。

会后，标准起草组按照专家提出的意见和建议对标准送审稿进行了认真细致的修改，并于 2020 年 10 月 25 日完成了标准的报批稿。

（四）标准主要起草人及其任务分工

本文件主要起草人有 11 人：柳春柱、牛文祥、佟启玉、杨世志、崔少宁、董桂军、武宝传、韩成新、李洪涛、吕彦学、贺佳贝。

由柳春柱、牛文祥负责标准起草组的整体协调，技术指标验证与标准内容的修改研讨工作。

由佟启玉、贺佳贝负责标准相关资料的收集、整理，编写标准稿、标准编制说明等材料的编写工作。

由杨世志、崔少宁、董桂军、武宝传、韩成新、李洪涛、吕彦学负责标准技术指标验证，参与标准内容的修改研讨及定稿工作。

二、标准编制原则和确定标准主要内容的论据

（一）标准制定原则

本文件在制定工作中遵循"科学性、实用性、统一性、规范性"的原则，通过标准的实施，规范、提升集团农机作业质量，为实现"藏粮于技"提供可靠技术保障，提高集团农业生产标准化质量水平，示范引领全国现代化大农业，提高国际竞争力。

本文件的编写格式符合 GB/T 1.1—2020《标准化工作导则　第 1 部分：标准化文件的结构和起草规则》要求，标准的结构和内容基本符合 NY/T 1353—2007《农业机械作业质量标准编写规则》的要求。

（二）标准的主要内容

本次企业标准的制定，参照了有关国家标准和行业标准的最新格式版本和主要条款，标准对旱田农机田间作业质量的术语和定义、旱田整地技术、旱田播种技术、田间管理、收获作业作出了详细规定。

（三）主要参考标准及技术资料

本文件在制定过程中，参考了以下标准的内容：

NY/T 500—2015　秸秆粉碎还田机　作业质量
NY/T 738—2003　大豆联合收割机械　作业质量
NY/T 742—2003　铧式犁　作业质量
NY/T 997—2006　圆盘耙　作业质量
NY/T 1143—2006　播种机　质量评价技术规范
NY/T 1876—2010　喷杆式喷雾机安全施药技术规范
NY/T 2090—2011　谷物联合收割机　质量评价技术规范
NY/T 2845—2015　深松机　作业质量
DB23/T 2349—2019　农用卫星平地机　作业质量评价规范
DB23/T 2351—2019　起垄机　作业质量评价规范
DB23/T 2363—2019　镇压器　作业质量评价规范
DG/T 015—2019　玉米收获机
DG/T 093—2019　起垄机
DG/T 098—2019　马铃薯种植机
DG/T 111—2019　割晒机
DG/T 151—2019　激光平地机

三、与有关的现行法律、法规和强制性国家标准的关系

本文件编写过程中参考了现行法律、法规和强制性标准的有关内容。对产品的安全要求，严格执行国家强制性标准，并与 GB 10396 及 GB 10395.1、GB 10395.3 标准的要求保持一致，以保护用户的人身财产安全。标准所涉及的内容与国家的现行法律、法规和强制性标准能协调一致。

四、重大分歧意见的处理经过和依据

无重大分歧。

五、贯彻国家标准的要求和措施建议

一是标准发布以后，由标准归口单位组织生产企业、各有关部门进行标准宣贯。
二是建议本文件尽快发布实施。

六、废止现行有关标准的建议

无。

附表　《北大荒旱田农机田间作业质量规范》（Q/BDHNJ 0001—2020）征求意见汇总表

附表 《北大荒旱田农机田间作业质量规范》(Q/BDHNJ 0001—2020)征求意见汇总表

反馈意见序号	单位	章节	相应意见	姓名	是否采纳
1	宝泉岭分公司农业发展部	图2	把图注置顶	贾继昌	原文已置顶
2		3.24	注释里的英时建议改为英寸,目前不常用英时这个单位		采纳
3		3.26	建议在后面加上工作质量	梁琦	术语和定义不含"工作质量"
4		7.2.1.1	玉米收获的水分与玉米标准有出入	贾继昌	采纳
5	军川农场有限公司	7.2.1.1	适时收获,玉米生理成熟,叶片变黄、松散,玉米籽粒水分<33%时,可进行机械摘棒作业;玉米籽粒水分在30%以下时,可直接收获	汪开峰	部分采纳
6	红兴隆分公司	3.22	春起垄的解释是否准确?我们的做法是春季耕层化冻10～15 cm,并且还有冻融交替时进行起垄作业		部分采纳
7		4.10	进口播种机自带镇压轮,可以不用进行镇压作业,是否需要备注?		采纳
8		5.1.1.1	我单位确定农时的标准是:本地土壤5 cm耕层内,连续5 d,地温稳定通过5℃时开始播种		采纳
9	赵光农场	建议1	计量单位应统一为国际单位制,文本表述应用汉字,不用字母、数字	韩成新	不采纳
10		建议2	卫星导航的作业、百米直线度、往复结合垄精度指标应一致		采纳
11		3.2	建议加"等"字		采纳
12		4.2.1.5	建议去掉"无斜扭"		采纳
13		4.6.1.3	化冻6 cm建议改为10 cm～15 cm		不采纳
14		4.6.1.4	"10 m内高低差≤10cm"应小于翻地标准;不少于用≥表示		采纳
15		4.7.1.4	不少于用≥表示		采纳
16		4.7.1.5	表述的标准与耙地相同		采纳
17		图10	图10垄台宽应标为65 cm～70 cm		65 cm垄台宽见图12
18		4.10.1.1	建议加上压青苗作业		不采纳
19		4.11.2.1	建议加上配垄沟定位杆尺		有导航可不配定位杆尺
20		5.1.2.1	建议加上配垄沟定位杆尺		有导航可不配定位杆尺
21		6.1.1	"不除苗""埋土率"改为"不伤苗""埋苗率"		采纳
22		7.1.2.1	建设加上抗灾措施,防陷装置、扶倒器		作业质量不含抗灾措施
23		7.4.1.1	c)1.2 m～1.5 m建议改为2 m以上		宽度过大不利于割晒
24		7.4.1.1	d)铺行改为铺向,加上"麦穗在上"		名称为"铺行"
25		7.4.1.1	建议加上无田间道的地头要横割两幅		采纳
26		7.4.2.1	"不散粮"改为"不撒粮"		采纳
27		4.1.1.1	建议将宜进行灭茬作业改为宜适时进行灭茬作业	沙宝玉	采纳
28		4.1.2.3	进口秸秆还田机作业速度不超过10 km/h		8月7日会议讨论后确定的参数
29		4.2.1.5	百米直线度岸下可能达到,岸上达不到		8月7日会议讨论后确定的参数
30		4.5.1.3	应改为以打破犁底层为原则		采纳
31		4.5.2.2	设定的角度小,最少应30°		大地块30°角过大

（续）

反馈意见序号	单位	章节	相应意见	姓名	是否采纳
32	赵光农场	4.6.2.2	对于作业速度的要求，只要把深达到，速度越快作业效果越好		采纳
33		4.11.1.2	施肥深度建议调整为第1层种下(8±1)cm，第2层种下(12±1)cm		8月7日会议讨论后确定的参数
34		4.11.1.3	施肥深度建议调整为第1层垄下(12±1)cm，第2层垄下(16±1)cm		8月7日会议讨论后确定的参数
35		5.3.1.2	90cm小垄垄高达到30cm为宜		播种垄高达不到30cm
36		6.1.1.1	注内的齿应改为尺		采纳
37		6.1.1.3	b)苗侧施肥深度建议调整为12cm		8月7日会议讨论后确定的参数
38		6.3.1.1	进口喷药机有随速喷功能，可不设定作业速度		应设定速度
39	二龙山农场	4.9.1.2	垄台台面宽为65cm～70cm，建议调整为≤65cm，因为垄台台面达到70cm垄体高度就会达不到要求，现在的起垄模具最大垄台台面宽为70cm	吴世光	8月7日会议讨论后确定的参数
40	九三分公司	5.2.1.4	(肥料单口流量差应小于等于1.5%)3%的误差过大		参考相关标准
41		5.2.1.4	播行百米直线度应小于往复结合垄		采纳
42		6.2.2.1	百米直线度小于往复结合垄，直线度误差大，结合垄的误差会更大		采纳
43		7.1.1.2	大豆割茬一般为3cm以下		3cm太小，实际达不到
44		7.1.1.4	破碎率小于等于1.5%，泥花草花脸小于等于1.5%		8月7日会议讨论后确定的参数
45		7.2.1.2	脱粒清洁率和含杂率应相符，清洁率为97%含杂率为3%，可单提一个清洁率或含杂率，两个不必都体现		概念不同
46		7.4.2.1	b)清率97%		采纳
47	克山农场	4.1.1.2	修改为秸秆粉碎后长度≤5cm		8月7日会议讨论后确定的参数
48	哈尔滨分公司	3.17	深松，关于深松的概念包含的中耕作业，定义在深松里是否合适，依据是否充分，是否单独设立，与后面所提全面深松不相符		定义中没提及中耕作业
49		4.1.2.3	秸秆还田灭茬作业速度小于等于6km/h，是否合适		8月7日会议讨论后确定的参数
50		4.2	翻地作业配套拖拉机应在180马力以上，翻地作业带的合墒器是否提出要求		8月7日会议讨论后确定的参数
51		4.3.2.1	耙地作业配套机具是否可以和所作业地块类型及作业季节相匹配		不需增加地块类型和作业季节
52		4.2.2.1	深松浅翻作业机具对所配备的深松机上的翻地犁要有要求		本文已有要求
53		4.5	联合整地作业除了深度作业指标以外，是否可以增加其他技术指标		不需增加其他指标
54		4.3.2.3	作业速度是否应改成6km/h～8km/h		8月7日会议讨论后确定的参数
55		4.9.2.3	作业速度是否应改成8km/h～10km/h		8月7日会议讨论后确定的参数
56		4.10.2.4	作业速度是否应改成8km/h		8月7日会议讨论后确定的参数
57		6.2.1.2	下午4点后是否应加上"温度高于24℃时"		8月14日会议讨论后确定的参数
58		7.1.2.1	防飞溅网后是否应加上"并配有秸秆粉碎装置"		采纳

反馈意见序号	单位	章节	相应意见	姓名	是否采纳
59	北大荒农业股份公司	3.17	原文"深松作业以破碎犁底层为原则,加深耕作层,增加土壤的透气和透水性,改善作物根系生长环境。一般深度≥30cm。注:深松作业方式:采用全面深松在浅翻深松或耙茬深松的整地时,2年～3年进行一次土壤全面深松,起垄深松在耕整后的土地上结合起垄作业进行起垄深松,深松垄底部位。"本条关于深松作业的描述应更加详细		定义不需再详细说明

ICS 65.060.01
CCS B 01

北大荒农垦集团有限公司企业标准

Q/BDHNJ 0002—2020

北大荒水田农机田间作业质量规范

2020-10-25 发布

2021-01-01 实施

北大荒农垦集团有限公司 发布

前　　言

本文件按照 GB/T 1.1—2020《标准化工作导则　第 1 部分：标准化文件的结构和起草规则》的规定起草。

本文件由北大荒农垦集团有限公司提出并归口。

本文件起草单位：北大荒农垦集团有限公司、黑龙江农垦农业机械试验鉴定站、黑龙江农垦职业学院、北大荒农垦集团有限公司建三江分公司、北大荒农业股份八五四分公司、北大荒农业股份宝泉岭分公司。

本文件主要起草人：牛文祥、柳春柱、秦泗君、吴伟宗、崔少宁、佟启玉、董桂军、隋士国、张立国、武宝传、贺佳贝。

北大荒水田农机田间作业质量规范

1 范围

本文件规定了北大荒水田农机田间作业的术语和定义、水田耕整地、播种、插秧、田间喷雾作业、收获作业。

本文件适用于北大荒农垦集团有限公司水田农业机械田间作业质量的检查、验收和管理。

2 规范性引用文件

本文件没有规范性引用文件。

3 术语和定义

下列术语和定义适用于本文件。

3.1

犁耕深度

犁耕作业后,犁耕沟底到未耕地表的距离。

3.2

漏耕

犁耕作业后,田块中除田角余量外的未耕地。

3.3

地表平整度

地表相对一基准面的起伏程度。

3.4

漏插率

无秧苗的穴数占总穴数的百分率。

3.5

勾伤秧率

勾秧指秧苗栽插后,叶鞘弯曲至90°以上。伤秧指秧苗叶鞘部有折伤、刺伤、撕裂和切断等现象。秧苗栽插后,勾秧、伤秧的总数占秧苗总数的百分比称为勾伤秧率。

4 水田耕整地

4.1 翻地

4.1.1 农艺与田间作业质量要求

4.1.1.1 水稻秋季收获后,适时翻地作业,残茬高度25 cm～40 cm。

4.1.1.2 东部水田种植区犁耕深度20 cm～22 cm,西部水田种植区犁耕深度18 cm～20 cm,将秸秆扣入垡下,池埂边要向内翻垡,不能向外翻垡。

4.1.2 机械作业要求

4.1.2.1 选用90马力～120马力拖拉机,配3铧或4铧重型水田灭茬专用犁进行翻地作业。

4.1.2.2 漏耕率≤2.5%,植被覆盖率≥85%,耕深变异系数≤10%。

4.2 平地

4.2.1 农艺与田间作业要求

4.2.1.1 秋季水稻收获翻地后至耕地封冻前,进行格田改造。

4.2.1.2 结合土壤墒情,进行旱平作业,每个格田面积达到 1 hm²～2 hm²。

4.2.1.3 在格田扩大和土地平整的基础上,打破常规格田布局,中间铺设田间路,两侧是格田,四周是水线,路宽 4 m～6 m,高出地面≥0.5 m。

4.2.1.4 改造前应将表土进行剥离,改造后将表土进行回填,以免地力水平不均影响水稻产量。

4.2.1.5 平地标准达到每 10 延长米水平误差应小于 1 cm,池埂、灌渠等修复到位,地表坡度起伏较大地区,合理缩小格田面积。井灌稻区,在排水条件好的情况下,可筑排、灌一体渠道,减少工程占地。

4.2.2 机械作业要求

4.2.2.1 选用 180 马力～300 马力拖拉机,配备 3 m～8 m 幅宽卫星或激光平地机进行作业(落差大的田块可采用大型推土机等进行初平,再采用平地机进行平整);每百平方米高低差≤1 cm;中间田间路面宽度 3.5 m～4.0 m、高度 0.3 m～0.5 m。

4.2.2.2 水渠利用卫星导航定位筑埂机等机械进行作业,顶宽 0.8 m～1.0 m、底宽 0.5 m～0.6 m、渠深 0.3 m～0.4 m。

4.3 筑埂

4.3.1 农艺与田间作业质量要求

4.3.1.1 格田一致、埂到沟边、土地平整、临埂垂直、对埂平行。

4.3.1.2 长方形条田,宽为高性能插秧机一个往复距离的倍数。

4.3.1.3 池埂百米直线度≤10 cm。

4.3.1.4 主埂底宽≥60 cm、顶宽≥40 cm、埂高≥40 cm;副埂底宽≥40 cm、顶宽≥30 cm、埂高≥25 cm。

4.3.2 机械作业要求

4.3.2.1 使用 90 马力～120 马力拖拉机带导航辅助进行筑埂作业。

4.3.2.2 埂高合格率≥80%,埂顶表面坚实度≥0.2 MPa,埂顶宽合格率≥70%。

4.4 水整地、搅浆

4.4.1 农艺与田间作业质量要求

4.4.1.1 实行花达水泡田,泡田 3 d～5 d 即可进行整地作业,泡田水深为堡片高的 1/2～2/3 或旱平(旋)地水深以大"花达水"为宜。

4.4.1.2 整地方向与水渠平行,避免堑沟不直导致插秧方向不直,达到格田四周整齐一致。

4.4.1.3 在旱平的基础上,以大中型机车与小型拖拉机平地相结合的方式进行格田找平,确保格田内高低差≤3 cm,连片到边。

4.4.1.4 全田整地均匀一致,平而有浆、上浆下松。

4.4.1.5 水整地沉淀后,地表有 2 cm～5 cm 的泥浆层,田面约 2 cm 深度划沟,周围软泥徐徐合拢为最佳沉淀状态,此为插秧适期。

4.4.2 机械作业要求

4.4.2.1 宜使用轻型拖拉机进行搅浆作业。

4.4.2.2 搅浆深度 12 cm～14 cm,同一格田内地表平整度≤3 cm,植被覆盖率≥80%,压茬深度≥5 cm。

5 播种、插秧

5.1 播种

5.1.1 农艺与田间作业质量要求

5.1.1.1 秧盘摆放横平竖直,盘与盘衔接紧密,盘内底土厚度 2 cm,盘土厚薄一致。

5.1.1.2 当气温达到秧苗生育低限温度指标(平均气温通过 5 ℃,置床温度 12 ℃)时即可播种,播量符合农艺要求。

5.1.1.3 覆土均匀一致,覆土厚度 0.7 cm～1 cm。

5.1.2 机械作业要求

5.1.2.1 使用覆土摆盘机摆盘,覆土厚度误差≤1 mm,每 10 m 直线度误差≤0.5 cm。

5.1.2.2 使用电动精密播种机进行播种,匀速作业,空格(穴)率≤2％,播种均匀度合格率≥85％,种子破损率≤1％。

5.1.2.3 使用电动覆土机覆土,覆土稳定性≥90％。

5.2 插秧

5.2.1 农艺与田间作业质量要求

5.2.1.1 常规机插旱育中苗3.1叶～3.5叶,大苗4.1叶～4.5叶;密苗机插秧龄2.1叶～2.5叶。

5.2.1.2 插秧前1 d把格田水层调整到呈"花达水"状态,机械插秧适宜深度为1 cm～2 cm。

5.2.1.3 地力条件好、秧苗素质好的田块宜稀植,地力条件差、秧苗素质差的田块宜密植;积温条件好的地区宜稀插,积温条件差的地区宜密插;分蘖能力强的品种易稀插,分蘖能力差的品种易密插。宽窄行侧深施肥插秧应根据积温带、插秧时间、作业机型、插秧规格,合理选择株数,一般为5株/穴～7株/穴,可以适当增大穴距。

5.2.1.4 根据气候条件、土壤条件、栽培水平、种植品种、插秧规格等确定各地区的适宜栽培密度,一般插秧规格为30 cm×(10～12) cm,25穴/m²～30穴/m²,5株/穴～7株/穴,分蘖力差的品种7株/穴～9株/穴,基本苗数160株/m²～220株/m²。

5.2.2 机械作业要求

5.2.2.1 使用水稻轨道运苗车运秧作业时,运输轨道铺设在主埂上,百米直线度≤10 cm,90°角转弯处高低差≤5 cm。

5.2.2.2 使用自走式水稻苗运输车田间运苗作业时,要求配备专用秧苗架。

5.2.2.3 宜采用带有辅助直行系统的高速插秧机作业,伤秧率≤4％,漂秧率≤3％,漏插率≤5％,相对均匀度合格率≥85％,插秧深度合格率≥90％,直线度精度≤5 cm,衔接行间距精度≤5 cm。

6 田间喷雾作业

6.1 自走式喷药机

6.1.1 农艺与田间作业质量要求

a) 按农艺要求的药剂品种正确计算用药量和喷液量,做好安全防护,先配制母液,后加入罐中搅拌均匀,地头出入�;时,接合、分离需在农田道进行,避免产生药害。

b) 选择晴朗天气早晨或傍晚、无风的时候进行,同时注意风向,从下风头开始作业,避免药液飘移。风速大于4 m/s(三级风)时严禁作业。

c) 施药量要严格按农艺要求确定,配比度做到定点定量,往复核对,并进行喷头流量试验,以保证喷洒均匀,喷量准确,其流量误差≤3％,确定好喷雾压力、行驶速度(理论作业速度6 km/h),要恒速作业,作业时保证不重、不漏,重漏面积不超过3％。

d) 药液加入药箱后,应进行搅拌2 min～3 min,搅拌均匀后再进行作业。作业时要先给动力,泵压稳定后再起步作业。

e) 喷药机必须装配防后滴喷头,地头拐弯或加药时,喷头滴漏不超过3滴。

f) 不重不漏、雾化均匀、无后滴;喷头距作物或封闭作业地面60 cm～70 cm。

g) 直行作业过程中压苗率为0,转弯作业一个往复压苗数量≤50穴。

6.1.2 机械作业要求

a) 配套机具:自走式喷药机,应用卫星导航,配备智能喷雾控制系统,匀速作业。

b) 使用卫星导航,百米直线度≤4 cm,往复结合General允许误差≤2 cm。

c) 喷药量和喷液量准确。实际喷液量和计划喷液量误差≤2％,各喷头喷液量误差≤1％。

d) 喷洒均匀,雾化良好,不漏喷,相邻喷头重复宽度为 5 cm~15 cm,且宽度一致。苗带喷药时,单体喷幅宽度不应小于垄台宽度的 3/4。

e) 作业机械伤苗率≤0.5%。

6.2 无人机

6.2.1 农艺与田间作业质量要求

a) 作业飞行高度:距作物叶尖 1 m~2 m。

b) 作业气象条件:遇降雨或温度超 27 ℃、风力超 3 m/s 时应停止作业。

c) 喷液量:每 667 m² 至少 1L,并应按施药液量的 0.5%~1% 添加植物油型助剂。

6.2.2 机械作业要求

a) 植保无人机包括油动、电动单旋翼或多旋翼、混合油单旋翼或多旋翼。

b) 飞行速度:4 m/s~6 m/s。

c) 作业喷幅:载液量 10 L 无人机的喷幅一般设定在 3 m~4 m,20L 无人机可根据机型、飞行高度等因素适当扩大。

d) 对于配备离心式喷头的无人机,飞行高度为 1 m~1.5 m,配备压力式喷头的无人机,飞行高度为 1.5 m~2 m。

6.3 固定翼飞机

6.3.1 农艺与田间作业质量要求

a) 作业飞行高度:距作物叶尖 4 m~6 m。

b) 作业气象条件:风速≤6 m/s,空气相对湿度≥60%,气温≤30 ℃,2 h 内有降雨时取消当天的作业。

c) 喷液量:采用 7.5 L/hm²~20 L/hm²,每 667 m² 喷液量≥1 L,并应按施药液量的 1% 添加植物油型助剂。喷施叶面施肥作业采用雾滴直径 200 μm~350 μm 的中雾滴喷雾,雾滴密度≤20 个/cm²。

6.3.2 机械作业要求

a) 采用固定翼飞机和旋翼直升机机型进行喷施作业。

b) 作业飞行速度:旋翼直升机 90 km/h~140 km/h,固定翼飞机 170 km/h~240 km/h。

c) 作业喷幅:旋翼直升机 25 m~30 m,固定翼飞机 40 m~60 m。

7 水稻收获作业

7.1 农艺与田间作业质量要求

7.1.1 水稻割晒

a) 水稻割晒应在黄熟期进行。

b) 放铺整齐不漏割、不丢穗、穗头不触地、不塌铺、不散铺。

c) 放铺笔直,行距相等,地头整齐。

d) 放铺时间 3 d~5 d,铺宽 1.1 m~1.3 m。

7.1.2 水稻直收

a) 水稻直收应在水稻遭受枯霜后进行(大型联合收割机直收水稻应改装钉齿式滚筒)。

b) 籽粒含水量≤16%。

c) 种子收获应在霜前进行,采用半喂入收获机收获。

7.2 机械作业要求

7.2.1 水稻割晒机

a) 割茬高度为 15 cm~20 cm,最高≤25 cm。

b) 放铺角度 90°±20°,角度差≤20°,根差≤100 mm。

c) 割晒损失≤0.5%。

7.2.2 水稻联合收获机

a) 全喂入(包括直收、拾禾):总损失率≤3%,破碎率≤1.5%,清洁率≥95%,含杂率≤2.0%,最小;离地间隙≥250 mm。半喂入:总损失率≤2.5%,破碎率≤0.5%,含杂率≤1.0%。

b) 割茬一致,割茬高度为 25 cm~40 cm。

c) 履带接地压力≤24 kPa。

d) 糙米率≤2%。

e) 配备秸秆粉碎还田抛撒器,抛撒均匀,抛撒宽度不应低于割幅宽度的 95%。

7.2.3 秸秆还田机

与联合收获机配套,秸秆粉碎长度 8 cm~10 cm,秸秆粉碎长度合格率≥85%,秸秆抛撒不均匀度≤30%。

7.2.4 秸秆打捆机

宜使用捡拾宽度 2.2 m 以上、草捆体积大于 0.9 m³ 的打捆机打捆作业。

参考文献

［1］GB/T 20864—2007　水稻插秧机技术条件

［2］NY/T 1876—2010　喷杆式喷雾机安全施药技术规范

［3］DB23/T 2349—2019　农用卫星平地机作业质量评价规范

［4］张敏．水田机械化保护性耕作技术模式探讨［J］.农机使用与维修,2020(6):110

［5］李泽华,马旭,李秀昊,等．水稻栽植机械化技术研究进展［J］.农业机械学报,2018,49(5):1-20

［6］胡晓辉．我国水田机械化发展现状及分析［J］.农机使用与维修,2017(8):89

［7］刘宪凯．水田机械化保护性耕作技术应用研究［J］.农民致富之友,2017(13):45-46

―――――――――――――

《北大荒水田农机田间作业质量规范》编制说明

本标准起草组

一、工作简况

（一）任务来源

北大荒农垦集团有限公司主要农作物种植标准体系制定任务。

（二）协作单位

项目主持单位：黑龙江农垦农业机械试验鉴定站。

项目协作单位：北大荒农垦集团有限公司、黑龙江农垦职业学院、北大荒农垦集团有限公司建三江分公司、北大荒农业股份八五四分公司、北大荒农业股份宝泉岭分公司。

（三）主要工作过程

项目下达后，按照项目任务书的要求，项目主持单位积极组织技术骨干成立标准起草工作组，研究和制订了标准编制工作方案，并按照地方标准制修订要求展开标准制定工作。

1. 成立标准起草工作组，制订工作方案，启动标准项目　2019 年 3 月至 2019 年 6 月，依照项目申请书的内容，联合协作单位，组织技术骨干成立了标准起草工作组。工作组成员均有较丰富的专业知识和实践经验，熟悉业务，了解标准化工作的相关规定并具有较强的文字表达能力。项目主持人制订工作计划，明确了内部分工及进度要求，责任落实到人。

2. 调查研究，收集资料，撰写标准征求意见初稿　2019 年 7 月至 2020 年 7 月，标准起草人员调研、收集资料，分析、整理已有标准内容，与各管理局有限公司技术人员交流在实际田间作业中具体的作业质量规程，起草了标准征求意见初稿。

3. 发放征求意见稿并汇总研究反馈意见，进行试验验证工作　2020 年 8 月，起草工作组对标准征求意见初稿的整体结构及关键性技术指标进行了充分讨论，标准主持人依照讨论意见形成了征求意见稿。起草工作组广泛征求专家、农场意见，调研垦区保护性耕作模式及机具作业情况，再次修改，形成了最终的标准征求意见稿。

4. 多次验证，反复讨论，完善标准送审稿　2020 年 9 月，起草组将标准征求意见稿发给省内的 23 个单位。截至 2020 年 10 月，共收到 9 个单位的反馈信息，共反馈 45 条意见。起草组高度重视收集到的意见建议，逐条进行了认真研究，并与意见反馈人员进行了有效沟通，吸收了合理化建议，形成标准的征求意见汇总表。

5. 多次验证，反复讨论，完善标准送审稿　标准起草组本着科学、严谨的态度，分别于 2020 年 8 月 7 日和 2020 年 8 月 15 日两次对标准的送审稿进行讨论，并于 2020 年 9 月完成了标准送审稿的终稿，同期完成了标准编制说明等全套送审材料。

6. 参加标准审定会，完成校准报批稿　北大荒农垦集团有限公司于 2020 年 10 月 15 日召开标准审定会，全体参会委员对标准送审稿及其相关材料进行全面审查，提出修改意见和建议，评审结论为一致通过并同意按此意见修改后上报审批。

会后，标准起草组按照专家提出的意见和建议对标准送审稿进行了认真细致的修改，并于 2020 年 10 月 25 日完成了标准的报批稿。

（四）标准主要起草人及其任务分工

本文件主要起草人有 11 人：牛文祥、柳春柱、秦泗君、吴伟宗、崔少宁、佟启玉、董桂军、隋士国、张立国、武宝传、贺佳贝。

由牛文祥、柳春柱负责标准起草组的整体协调，技术指标验证与标准内容的修改研讨工作。

由佟启玉、贺佳贝负责标准相关资料的收集、整理，编写标准稿、标准编制说明等材料的编写工作。

由秦泗君、吴伟宗、崔少宁、董桂军、隋士国、张立国、武宝传负责标准技术指标验证，参与标准内容的修改研讨及定稿工作。

二、标准编制原则和确定标准主要内容的论据

（一）标准制定原则

本文件在制定工作中遵循"科学性、实用性、统一性、规范性"的原则，通过标准的实施，规范、提升集团农机作业质量，为实现"藏粮于技"提供可靠技术保障，提高集团农业生产标准化质量水平，示范引领全国现代化大农业，提高国际竞争力。

本文件的编写格式符合 GB/T 1.1—2020《标准化工作导则　第 1 部分：标准化文件的结构和起草规则》要求，标准的结构和内容基本符合 NY/T 1353—2007《农业机械作业质量标准编写规则》的要求。在确定本文件主要技术性能指标时，综合考虑和用户的利益，寻求最大的经济效益、社会效益，充分体现了标准在技术上的先进性和合理性。

（二）标准的主要内容

本次企业标准的制定，参照了有关国家标准和行业标准的最新格式版本和主要条款，标准主要内容对水田耕整地、播种、插秧、田间喷雾作业、水稻收获作业等机械作业质量要求和标准作出了详细规定，适用于北大荒农垦集团有限公司农业机械水田田间作业质量的检查、验收和管理。

（三）主要参考标准及技术资料

GB/T 5262　农业机械试验条件　测定方法的一般规定

NY/T 742　铧式犁　作业质量

NY/T 1876　喷杆式喷雾机安全施药技术规范

NY/T 2090　谷物联合收割机　质量评价技术规范

DB23/T 825　农业机械田间作业质量检查方法

DB23/T 2349　农用卫星平地机作业质量评价规范

DG/T 010　喷杆喷雾机

DG/T 014　谷物联合收割机

DG/T 008　水稻插秧机

DG/T 074　秧盘播种成套设备

DG/T 087　铧式犁

DG/T 094　筑埂机

DG/T 105　水稻侧深施肥装置

DG/T 101　种子播前处理设备　水稻种子催芽机

DG/T 111　割晒机

DG/T 151　激光平地机

DG/T 157　农业用北斗终端(含渔船用)

三、与有关的现行法律、法规和强制性国家标准的关系

本文件编写过程中参考了现行法律、法规和强制性标准的有关内容。对产品的安全要求，严格执行国家强制性标准，并与 GB 10396 及 GB 10395.1、GB 10395.3 标准的要求保持一致，以保护用户的人身财产安全。标准所涉及的内容与国家的现行法律、法规和强制性标准能协调一致。

四、重大分歧意见的处理经过和依据

无重大分歧。

五、贯彻国家标准的要求和措施建议

一是标准发布以后，由标准归口单位组织生产企业、各有关部门进行标准宣贯。

二是建议本文件尽快发布实施。

六、废止现行有关标准的建议

无。

七、其他应予说明的事项

无。

附表 《北大荒水田农机田间作业质量规范》(Q/BDHNJ 0002—2020)征求意见汇总表

附表 《北大荒水田农机田间作业质量规范》(Q/BDHNJ 0002—2020)征求意见汇总表

反馈意见序号	单位	章节	相应意见	姓名	是否采纳
1	宝泉岭分公司农业发展部	4.1.2.2	植被覆盖率在犁耕作业后,不漏白茬,植被覆盖率如何大于85%	贲继昌	此指标值不低于相关标准要求,将4.1.1.2条删除"全部""不漏白茬"
2		4.2.2.2	植被覆盖率有问题		此条不涉及植被覆盖率问题
3	绥滨农场有限公司	4.4.1.5	水田免浆技术:用卫星平地机平地后直接上水或浅旋1遍上水,进行插秧	李洪文	免浆技术目前不是普遍推广使用的技术
4	军川农场有限公司	4.1.1.1	水稻秋季收获后,适时翻地作业,残茬高度≤20 cm。(与QIBDHZZ 0001中9.3不一致,留茬高度应适当提高。降低籽粒收获时水分)	汪开峰	采纳,建议与种植标准统一调整为25 cm～40 cm(考虑水稻长势不好的年景或者特殊品种植株高度)
5		4.1.1.2	犁耕深度20 cm～22 cm(与QIBDHZZ 0001中9.3不一致)		不采纳,建议水田种植标准按此执行,高茬处理没有一定耕深不能够达到埋茬效果
6		4.1.2.2	漏耕率≤2.5%,植被覆盖率≥85%(翻后不留白茬,植被覆盖率如何大于85%)		此指标值不低于相关标准要求,此条意见与前述重复。合并处理
7		4.2.2.1	选用180马力～300马力拖拉机,配备3 m～8 m幅宽卫星或激光平地机进行作业(落差大的田块可采用大型推土机等进行初平,再采用平地机进行平整);每百平方米高低差≤1厘米;中间田间路面宽度3.5 m～4.0 m,高度0.3 m～0.5 m(相关数据与QIBDHZZ 001中8.2.1.2不一致)		建议水田种植标准按此指标调整
8		4.3.1.4	与QIBDHZZ 001中2.2有差异		建议:QIBDHZZ 001中2.2按照此指标修改,指标的提出有相关标准依据
9		4.4.2.2	搅浆深度10 cm～16 cm(与QIBDHZZ 001中2.4不一致。)植被覆盖率≥85%(哪里来的植被)		搅浆深度修改为12 cm～14 cm;搅浆后的地标存在未压入地表以下的残茬,存在植被覆盖率指标,符合国家相关标准
10		5.2.1.2	插秧前1d把格田水层调整到1 cm～2 cm(呈"花达水"状态)机械插秧适宜深度为2 cm左右(建议1 cm～2 cm与QIBDHZZ 001中7.3不一致)		采纳,修改为与种植标准7.3一致
11	红兴隆分公司	4.1.2.2	植被覆盖率大于等于85%?		此指标值不低于相关标准要求,将4.1.1.2条删除"全部""不漏白茬"
12		4.2	平地中是否应加入卫星平地水整平?		不采纳,4.2.1已经写明卫星平地机旱整平,水整平技术目前属于探索性免浆技术的内容
13		4.2.1.3	中间铺设田间路的宽度标准?		采纳,路面宽度参数为4 m～6 m
14		4.4.2.2	植被覆盖率大于等于80%?		搅浆后的地标存在未压入地表以下的残茬,存在植被覆盖率指标,符合国家相关标准
15		4.4	现在免搅浆技术日趋成熟,可否写入?		不采纳,经调查目前该技术属于探索阶段
16		5.2.1.3	"合理选择播量"是否为"合理选择株数"		采纳
17		6.1.1.2	是否要求机械配备"智能喷雾控制系统"?		采纳
18		6.1.2.1	c)无人机的喷液量要求过少		不采纳,标准条款中写的是"至少"
19		7.1.2.1	a)机械割茬高度10 cm～15 cm是否过矮?		采纳,割茬高度为15 cm～20 cm,最高≤25 cm
20		7.1.2.1	b)能否对放铺角度、角度差、根差进行名词解		已有现行标准
21	牡丹江分公司	4.4.1.5	地表有5 cm～7 cm的泥浆层是否过深? 浆层2 cm为宜	孙伟海	采纳,修改为地表有2cm～5cm的泥浆层
22		5.2.1.1	密苗机插秧龄2.1叶～2.5叶。不建议写入		不采纳
23		7.1.1.2	水稻直收应在水稻遭受枯霜后进行		采纳

(续)

反馈意见序号	单位	章节	相应意见	姓名	是否采纳
24	八五〇农场		加一项作业环节,4.2 旋地。4.2.2.2 顶宽0.5 m~0.6 m,底宽 0.8 m~1.0 m		不采纳,高茬处理直接采用旋耕方式效果不理想,筑埂参数有具体的标准要求
25		4.3.2.1	使用 90 马力~120 马力拖拉机带导航辅助进行筑埂作业		采纳
26		7.1.1.2	种子霜前收获采用半喂入收获机收获		采纳,修改为:c) 种子收获应在霜前进行,采用半喂入收获机收获
27		7.1.2.2	增加水稻倒伏收获方法内容		不采纳,明确的方法还没有,经调查只是"加装扶倒器"
28	齐齐哈尔分公司		建议最后应增加节水灌溉方面资料。滤水播种或播后喷灌:西部干旱地区,春季播种一般采取滤水种植,既垄上开沟宽 10 cm、深 5 cm,沟内滤水每亩 1.5 m³~2.0 m³ 或播后喷灌		不采纳,旱直播技术目前不属于此标准范围
29		4.1	翻地:建议增加一条连续深翻 2 年后可采取旋耕 1 年,旋耕深度:秋旋 12 cm~15 cm,春旋10 cm~12 cm		不采纳,不硬性规定农艺措施
30		4.2.1.5	平地:建议增加一条井灌稻区,在排水条件好的情况下,可筑排、灌一体渠道,减少工程占地		采纳
31	查哈阳农场	4.1.1.2	查哈阳农场犁耕深度建议为 18 cm~20 cm,原因为土壤黏性大,翻地太深,次年插秧时会"陷车"较重		采纳
32		4.1.2.2	建议注释植被覆盖率含义		不采纳,现行标准中已有
33		5.1.1.3	建议将覆土厚度修改为 0.7 cm~1 cm 与相关种植技术一致		采纳
34			建议将集团有限公司企业标准内单位进行统一,如面积统一为亩或者公顷为单位,剂量单位为 L/hm³		采纳,使用统一的标准计量单位
35	哈尔滨分公司	1	水田和旱田作业质量中涉及的规范性引用文件和术语是否可以统一表述		不采纳,水田与旱田涉及的具体标准不一致,不能做到统一表述
36		2	水田作业质量标准表述应略加详细,才能更有指导意义		不采纳,保准的作用在于指导、规范作用,不等同于作业指导书,操作手册
37		4.1.1.2	建议田间质量要求中应对扣垡、立垡进一步明确表述		不采纳,水田与旱田翻地要求不同
38		4.1.2.2	机械作业要求和田间作业质量要求是否可以分开来说?		不采纳,无需将机械作业要求与田间作业质量要求分开表述
39		4.1.1.2	犁耕深度是否应视土壤黑土层情况进行适当增减?		采纳
40		4.1.1.1	残茬高度与水稻种植技术不一致,是否应统一标准?	孟宪杰	采纳,建议与种植标准统一调整为 25 cm~40 cm(考虑水稻长势不好的年景或者特殊品种植株高度)
41		4.1.1.2	是否可以加"池埂边要向内翻垡,不能向外翻垡"?		采纳
42		4.3.1.3	池埂百米直线度是否应改成百米弯曲度?		不采纳,"直线度"术语没问题
43		5.1.1.1	底土厚度和 5.1.1.3 中覆土厚度与水稻种植技术中表述不一致,是否应统一标准?		采纳
44		5.2.1.4	基本苗数与水稻种植技术中表述不一致,是否应统一标准?		采纳
45		7.1.2.2	割茬高度与水稻种植技术中表述不一致,是否应统一标准?		采纳,与种植标准统一调整为 25 cm~40 cm(考虑水稻长势不好的年景或者特殊品种植株高度)